著者简介

维克托·库塔尔（Victor Coutard）法国作家、记者。曾在勒贝克－埃卢安农场研究永续农业的相关知识，并前往日本和意大利考察环境友好型农业。他致力生物多样性研究，热爱树木与森林，坚信每个物种都有自己独特的本领与能力。

雅尼斯·瓦鲁西克斯（Yannis Varoutsikos）法国年轻插画家，平面设计师，画风自由多元，深受读者喜爱。

译者简介

洪越，现攻读法语语言文学专业，热爱生物学。

后浪

树的邀约

[法]维克托·库塔尔 文 [法]雅尼斯·瓦鲁西克斯 图 洪越 译

北京联合出版公司
Beijing United Publishing Co.,Ltd.

图书在版编目（CIP）数据

树的邀约 /（法）维克托·库塔尔文；（法）雅尼斯·瓦鲁西克斯图；洪越译 . -- 北京：北京联合出版公司，2022.4

ISBN 978-7-5596-5927-9

Ⅰ.①树… Ⅱ.①维… ②雅… ③洪… Ⅲ.①植物学—普及读物 Ⅳ.① Q94-49

中国版本图书馆 CIP 数据核字 (2022) 第 017660 号

树的邀约

著　　者：［法］维克托·库塔尔　［法］雅尼斯·瓦鲁西克斯
译　　者：洪　越
出 品 人：赵红仕
选题策划：银杏树下
出版统筹：吴兴元
编辑统筹：郝明慧
特约编辑：刘叶茹
责任编辑：牛炜征
营销推广：ONEBOOK
装帧制造：墨白空间·巫粲

北京联合出版公司出版
（北京市西城区德外大街 83 号楼 9 层　100088）
天津图文方嘉印刷有限公司印刷　新华书店经销
字数 230 千字　787 毫米 × 1092 毫米　1/16　13.5 印张
2022 年 4 月第 1 版　2022 年 4 月第 1 次印刷
ISBN 978-7-5596-5927-9
定价：128.00 元

什么是“肺”？肺能排出氧气？不能。能吸入二氧化碳？不能。那么森林怎么可能是肺呢！森林吸收二氧化碳继而释放氧气，这个过程与肺的功能完全相反。这就是首要问题，我们没有用以描述植物世界的词语，我们用的那一套说法只会让人更加迷惑。

——弗朗西斯·阿雷与菲利浦·杜鲁的访谈录

《弗朗西斯·阿雷，树上的研究员》

《解放报》，2017 年 12 月 27 日

目　录

引 言

树木起枢纽联结的作用。它扮演着重要的生态学角色，不仅使动物们有物可食、有处可居，还能净化大气，形成一片美丽的风景。

树木也在人类社会活动与经济活动中占有一席之地。它使人们能够相逢交会，遮阴纳凉，抑或是单纯欣赏其叶蓁蓁的美丽。树木提供了木材、果实、种子、油，甚至是纸张。据估算有超过 10 亿的人口直接仰仗森林生存，而又有多少人做着有关森林的梦呢？古往今来，树木都是诗意的象征与神话的符号，滋养了许许多多的社会与宗教。

这种庞大的多年生有机体处处可见。甚至在城市之中，我们都有幸与越来越多的树木相伴。然而，我们会有一天厌倦它们吗？就拿我本人来说，我也没想到自己会写这本书，会数一棵松树上的松针，会为老树桩上的新切口而激动，会因为替一直被记录为落叶松的落羽杉正名而感到高兴不已。在我的第一部儿童绘本《亦树亦友》中，我赞美了树木给我们带来的美好生活：鸟儿在树梢筑巢，蚂蚁在树皮上集结，而不久后我的子女也会在林间嬉戏。自从我发掘出树木的特征、区别与历史，这些头发乱糟糟的独脚巨人，在我心中变得愈发高大起来。

令人着迷的是，即使人类自始至终都对树木抱有浓厚的兴趣，树木也只是刚刚开始揭露自己的秘密。长时间仅仅被视作商品和家具来源的树木，如今展现出了自己的另一面：它们具有沟通的能力，具有惊人的生态学特性，还为人类与地球上所有生物带来许多益处。

但树木在供奉人类之外，首先是一个独立的生物。

它们拥有自己的生存法则，拥有一种不符合人类病态优越感的智力形式，对此应当用拟人论（anthropomorphisme）来理解。支配树木生存生长的是其独立个体的自有逻辑，而它们的发展规划是一种长期考量：树木能活很久，这本就是人类难以想象的生命长度。

漫长的时光使树木成了一座座纪念碑。它们以其复刻般的精确，伫立在我们的道路上、照片中、地图上。树木联结了人们的回忆（初吻、采摘、假期的一天），这些回忆栖居在我们之上，伴随着我们一同成长。我们遇到的每一棵树都有自己的独特之处，它们用它们的性情点染了我们的生活。在人类和树木之间，会产生某种联系，而我们越是付出时间来关照树木，这种联系就越发紧密。

通过现有可得的资料，本书旨在传递一种以树木为中心的世界观。这是一场树木的邀约：在花园深处与槭树相遇，在公园之中与巨杉相会，在街道边与悬铃木相交，在山林中与松林相逢。这份请柬，邀请人们认识生命中的棵棵树木。

何为树木

树之为树

“要读懂一棵树，须经历一场头脑风暴。树，既是独一无二的个体，也是多方齐力的产物。”弗朗西斯·阿雷，一位伟大的树木专家，对“树迷”们这样说道。树木以特定的外形特征与林木间具有的协同作用而区别于其他植物。据估测，地球上共有 6 万至 10 万种树木。

精妙配比

树根从土壤中吸收的水分占树木总重的 80% 到 90%；与此相比，水只占人体总重的 60%。抽去水分的树，总体由氮、氢、钾这三种元素构成。叶片固定下来的碳元素，储存在树干的中心位置，即已经不再进行生命活动，而只起到支撑作用的死木部分。

完美体格

树是一种木本植物，也就是说，它的核心在于木质，因此可以长得很高大。别的植物靠茎秆直立，而能够终生生长的树干就是树的茎秆，其上还点缀了树杈、嫩枝和树叶。对于每一线日光，树叶都使出浑身解数，寸光必争。从外表看，树木和灌丛很容易分辨：树一般至少有 7 米高。

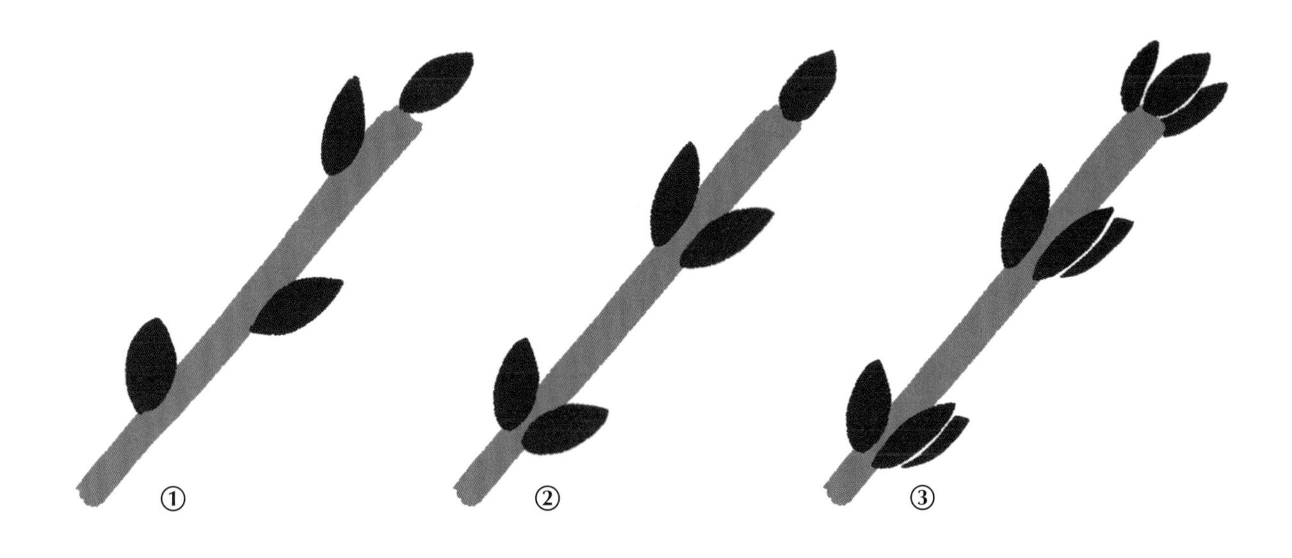

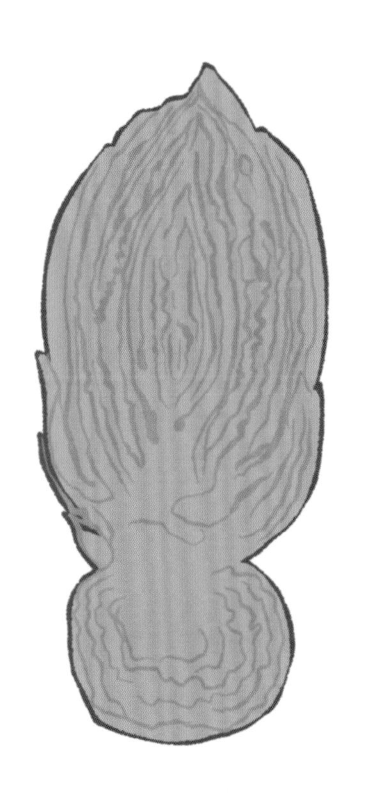

芽：万物之始的力量

每一棵芽都具备形成新枝、叶片和花朵所需的全部物质条件。每根枝条都能生芽，这些芽自己又能再长成新枝，继而孕育下一代的新芽。世界上大多数植物都要经历芽的生长阶段。在植物发芽的前一年夏天，芽的内部结构已经完全形成了。但在秋冬时分，它因休眠而处于蛰居状态。这是一种强烈的管控，会使所有细胞活动受到抑制。在这个时期，植物激素就像安眠药，引导着芽放慢呼吸，陷入沉睡。这种蛰伏等候的机制能够保护未来的花、叶或幼嫩的植物：因为一旦芽发得过早，就有被冻死的危险（但此灾难仍会时不时地发生）。芽形成满一年后，也就是新一年的春天之时，它们顺万物复苏之势开放，这就是人们常说的“发芽”。

同一根枝条上会生两种芽：顶芽与侧芽。如果顶芽受损或死亡，原本退居二线的侧芽就会起替代作用。枝条从而向着一个新方向生长。

芽有以下几种类型：

① 互生芽
每节生一芽，交替出现在枝条两侧。

② 对生芽
每节生两芽，两芽相对生于枝条两侧。

③ 轮生芽
每节生三芽或更多，绕枝条呈轮状。

地下世界

在我们目力所及之外的树木根系，还远未倾吐完它的秘密。人们如今只发现了树根利用土壤资源的惊人禀赋。

树根主要承担三种作用：

- 将树固定在土壤中。
- 吸收水分。
- 吸收树木生长所必需的营养物质。

根系

由如下方式组成：

① 直根系主根。这是从种子中生出的第一根树根。它相当于人体的大动脉，而其他的树根则相当于小血管。

② 二级侧根。

③ 三级、四级、五级等小侧根。

④ 具有吸收功能的根毛。它们能够扩大根部与土壤的接触面积，从而吸收尽可能多的水分。

生物量

树木出产所谓的“生物量”，或者说是“绿色黄金”，这是一种可持续且无穷尽的资源。由落叶、腐果或朽木所组成的有机肥料能够给生物界注入源源不断的活力。对大多数树木来说，根系的主要部分深入到地下至少 15 厘米的位置，那儿有最富有营养物质的土壤。

能耗最低法则

树根是机会主义者：它们根据路径的难易程度来规划生长方向。一旦有蚯蚓或树根老前辈开发过的隧道，它们会毫不犹豫地跟着走。当树根前进时遇到阻碍，它们沿其上攀缘。若是阻碍实在太强，它们会选择先绕过障碍物，之后再回归原本的倾斜角度。随着树冠逐渐长高，树根在土壤中也发展起来。

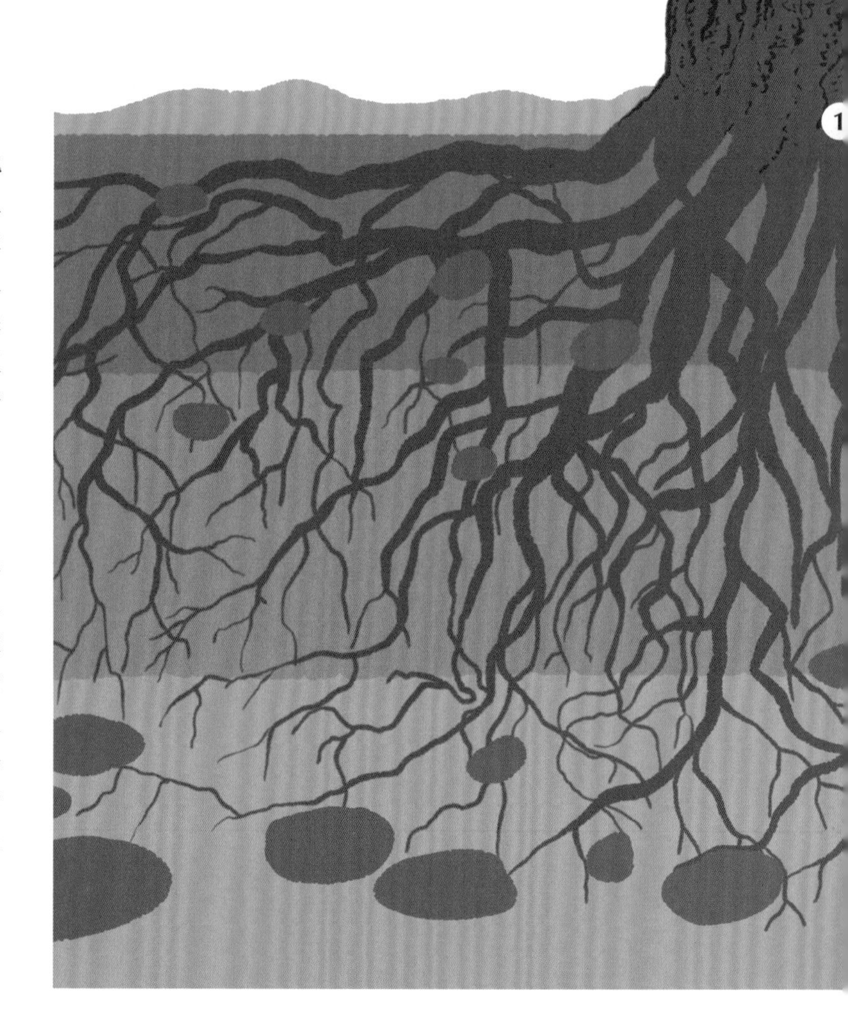

根系及其同盟

树木开发土壤资源的能力十分出色。尽管原本的普通根系已经能够满足其所需，几百万年来，它仍然开发了一种生物保护机制，而对于这种生物保护机制，人们只是刚刚认识到其精妙之处。

事实上，大多数根都有同盟者：那就是真菌。树木与真菌之间会进行对双方都有益的物质交换。树根为真菌输送糖类养料，作为回报，真菌会为树根带来土壤中的矿物质。这种真菌与根的共生形式被称为菌根。

一些树木的根系只在地表蔓延，
而另一些根系则靠主根深扎于大地。

浅根系
例如：云杉、桦树、杨树。

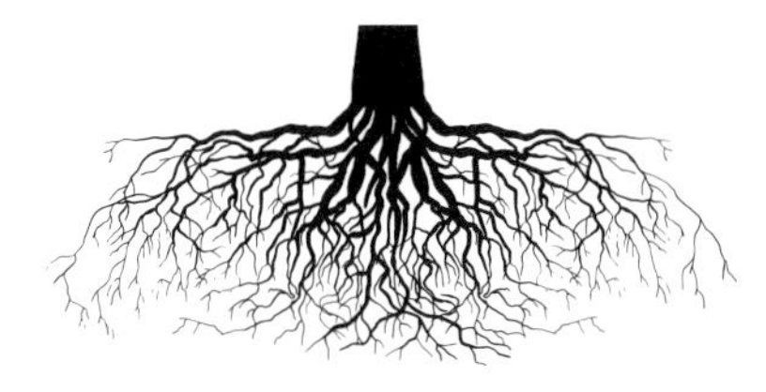

深根系
例如：红豆杉、某些松树、橡树。

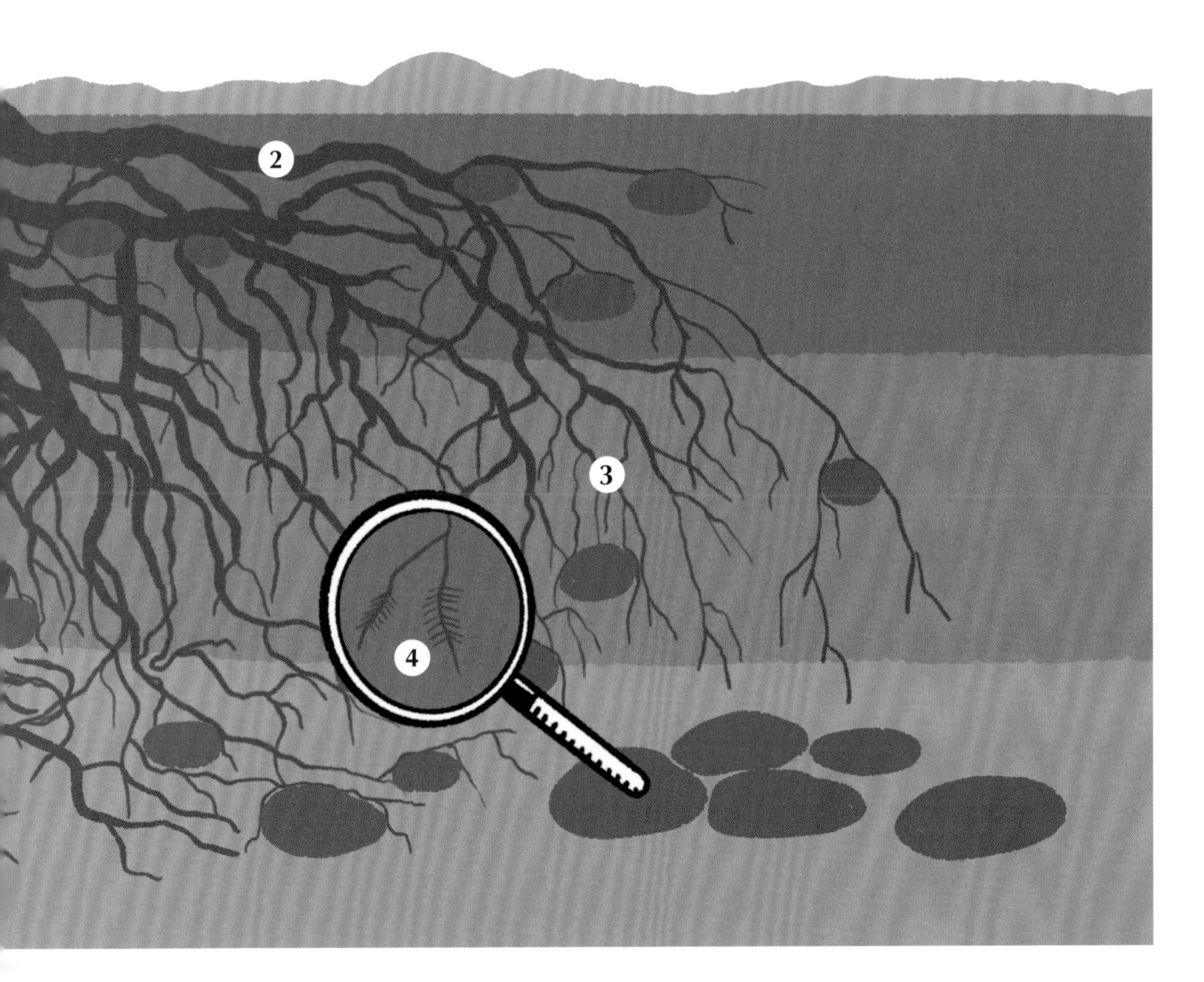

非同一般的树木管道系统

树木有着供应其生长发育的管道系统，该系统行动出色且对树木生存至关重要。木质茎的分层保证了树木浆液（水分和营养物质）的循环。

树根吸收的水分经由木质部边材部分传输到叶片。而叶片制造的浆液又顺树皮内侧的韧皮部而下。位于边材和韧皮部之间的是肉眼不可见的形成层，它可以分裂出新的细胞，从而保障树木的持续生长。

① 树皮

其构造很大程度上取决于由形成层产生的韧皮部。

② 韧皮部

位于树皮和形成层之间的海绵状组织，它能把叶片产出的浆液运送到边材或者根部。

③ 形成层

几乎不可见。薄薄的一层组织却对树木生长有着关键性作用。形成层持续在内侧分裂为木质部细胞（形成边材），在外侧分裂为韧皮部细胞（形成韧皮部），如此就产生了木质茎。

④ 边材

木材中活的部分。大部分树木浆液都经由该部分运输。边材吸取由根部上行的浆液，把营养物质储存起来，或者运送到树木的另一端。

⑤ 心材

也被称作“完美木材”，是木材中死的部分，用于接收树木的种种废料。它是整棵树的中心，也是一棵树中最古老的部分。心材中的死细胞储存了单宁、树脂和着色物质，赋予树木抵抗力与坚固性。

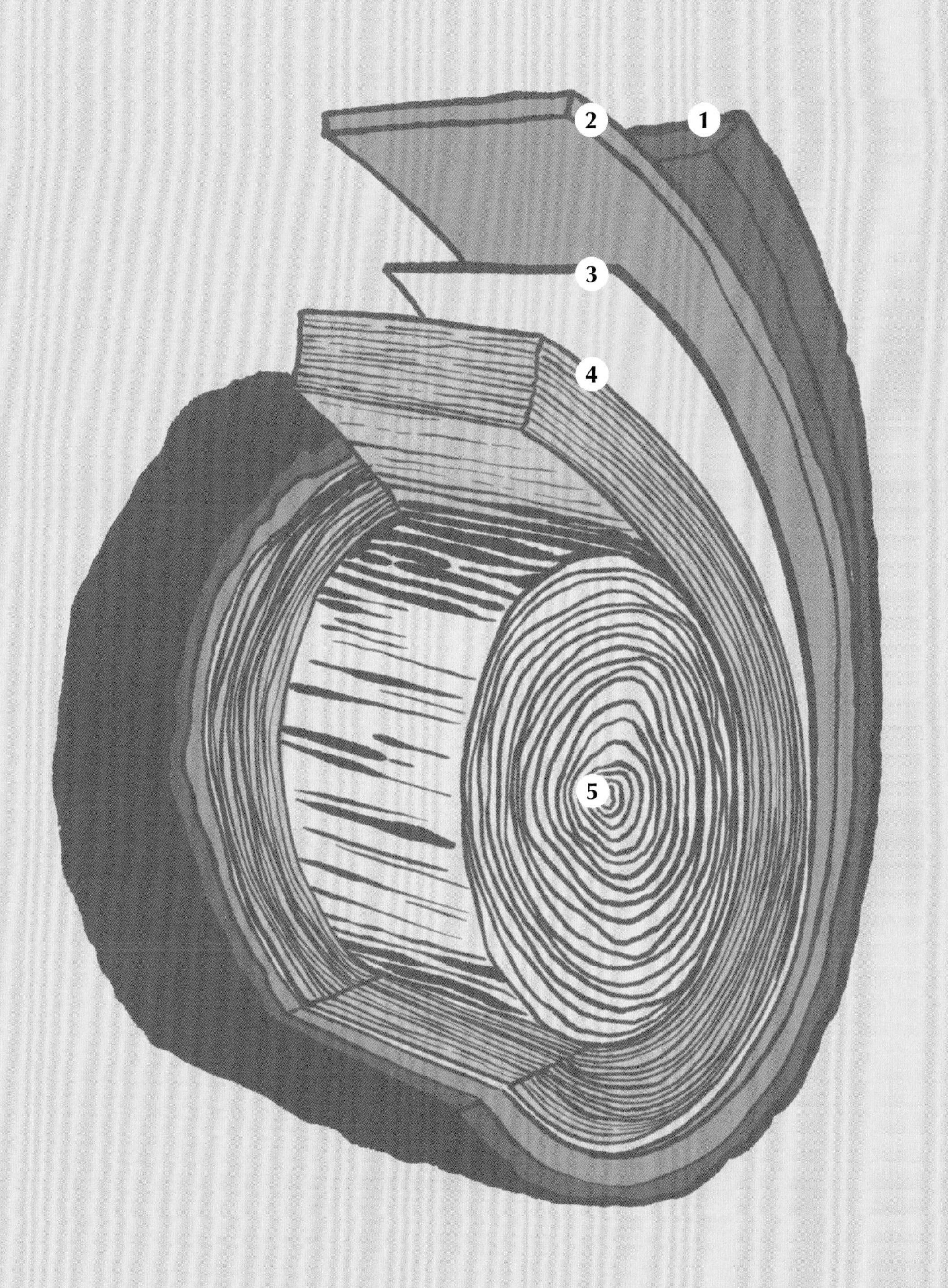

1
2
3
4
5

林冠

与林下灌木丛不同，林冠是由大型树木的树冠（一棵树全部叶片中的最顶层）所组成的森林地带。处在离地好几十米的高度又直接接受阳光照射的林冠，成了一个群落交错区：位于森林与大气这两种生态系统之间的过渡性区域。

捕获阳光

在森林中，能否接受阳光照射成了树木能否正常生长的决定性因素。林木越稠密，林冠中空隙就越小。一些树木突出于林冠线之上并占优势地位，而另一些树木则不得不放缓它们生长的脚步。

就因为厚达几米的林冠拥有优越的位置条件，它们的叶片可以固定大部分的太阳能，吸收将近三分之一的雨水。

林冠生产花朵、花蜜、果实和种子的能力最强，其生物多样性也因此极为丰富。

倒木——被风吹倒或因衰老而自折的树木——使阳光分配情况被重新洗牌。甚至有生物学家指出，暴露于光线的缺口后，一些长期被支配而处在其前辈阴影下的树木会重拾它们早先旺盛的生命力。树木懂得如何展现它们的耐力，而对于眼下生长的机会，它们总是善于加以利用。

动植物群落

林冠之上的动植物种类丰富又与众不同，而对于热带雨林来说尤为如此。

附生植物单纯生长在其他植物上，并不强夺其营养物质（与寄生植物不同），可谓是形成了一个个悬挂着的生态系统。

同样地，一些动物，尤其是两栖类，可以终生生活在林冠而从不向地面踏足一步。

科学界的探索

很长时间以来，林冠对于人类来说都是无法涉足的地带。最近有一些旨在观测该未知区域的计划被提上了日程。工程师们竞相展开想象力，发明各种浮空器、浮空装置，以便生物学家能够研究这片生物多样性居全球前列的地带。

森 林

森林，它首先是各类生物足迹相会之处：真菌、细菌、植物、动物，都在此处交遇并互相影响，形成了一个异常繁茂的生态系统。通俗点说，按照广泛认同的标准，森林是一片面积超过半公顷的土地，其上生长的树木高度要大于 5 米，树木覆盖率要达到 10%。

森林起源

自泥盆纪起，也就是说 3.8 亿年前，森林便存在了。森林的出现对于地球上的生物多样性具有决定性的意义：它可以提供大量的氧气和数不尽的食物来源，从而使地球生命得以尽情发展。

假如说植物晚于动物出现——尤其是晚于水生动物出现——那么如今大多数动物得以幸存于世都有赖于植物。森林即是植物为捕获阳光而进行纵向赛跑的产物。

原始林和次生林

原始林是野生状态下的森林所能够达到的最高阶段：既没受到人为破坏，也没被耕种或开垦。原始林高度较高，稠密度较大，动植物、微生物和真菌的种类也十分丰富。

次生林遭受过严重的破坏，可能是人为影响，也有可能是由各种自然灾害（暴风雨、洪水、地震）导致的。如果次生林不再受到干扰，它也可以再次转换为原始林。这种转换需要很长的时间：在回归线附近需要 7 个世纪，在欧洲则需要 10 个世纪（欧洲现今已不存在原始林了）。

先锋树种会在矿物质贫瘠的土地率先定居。它们以身材矮小、生长缓慢、适应性强、寿命短暂（最多50年）为特征。先锋树种能够通过根固氮来肥沃原本退化的土壤，并以此促进次生林的出现。先锋树种还将提供荫蔽的环境，使得后先锋树种在此处定居生根。由后先锋树种形成的森林即是未来大型树木森林的初始阶段，这个初始阶段为次生林阶段。几个世纪的时间流逝，在经过自然选择之后，大型树木终于长成，这就是成熟的原始林，就如同生物学家弗朗西斯·阿雷所说的那样，是“生物复杂度的世界之巅”。

① 浮游植物

② 细菌

③ 单细胞有机体

④ 有根植物

⑤ 可见地上植物

树叶的智慧

树叶是树木的营养器官与呼吸器官。幼叶在叶绿素——光合作用核心反应成分——的作用下呈绿色。

秋天，树木停止生产叶绿素，而此时叶片的颜色由别的脂溶性色素决定。譬如说，橡树叶的黄色就来源于类胡萝卜素。

秋天结束时，红色和黄色退场。叶片枯萎，在落地前已变成了深棕色。整个冬季它们在树脚下逐渐分解，构成了生物量的一部分。叶片的作用是为树木收集食物。而叶片本身的养料来源有两个：既通过光合作用从空气中获取，又经由树枝、树干和根系从土壤中获取。

树叶有落叶（每年脱落）和常绿叶（不会在每年冬季定期脱落）之分。树叶的生命短暂，平均只有6个月，当然，也有与之相反的、生命极长的类型：譬如一些冷杉叶，其寿命最长可达8年（在植物学术语中，尽管冷杉叶片呈针状，我们仍称其为“叶”）。

我们根据树叶形状、叶缘形态、叶片顶端和基部的不同来区分它们。叶片即为一片树叶中最大、最主要且最扁平的部分。

叶片的不同形状

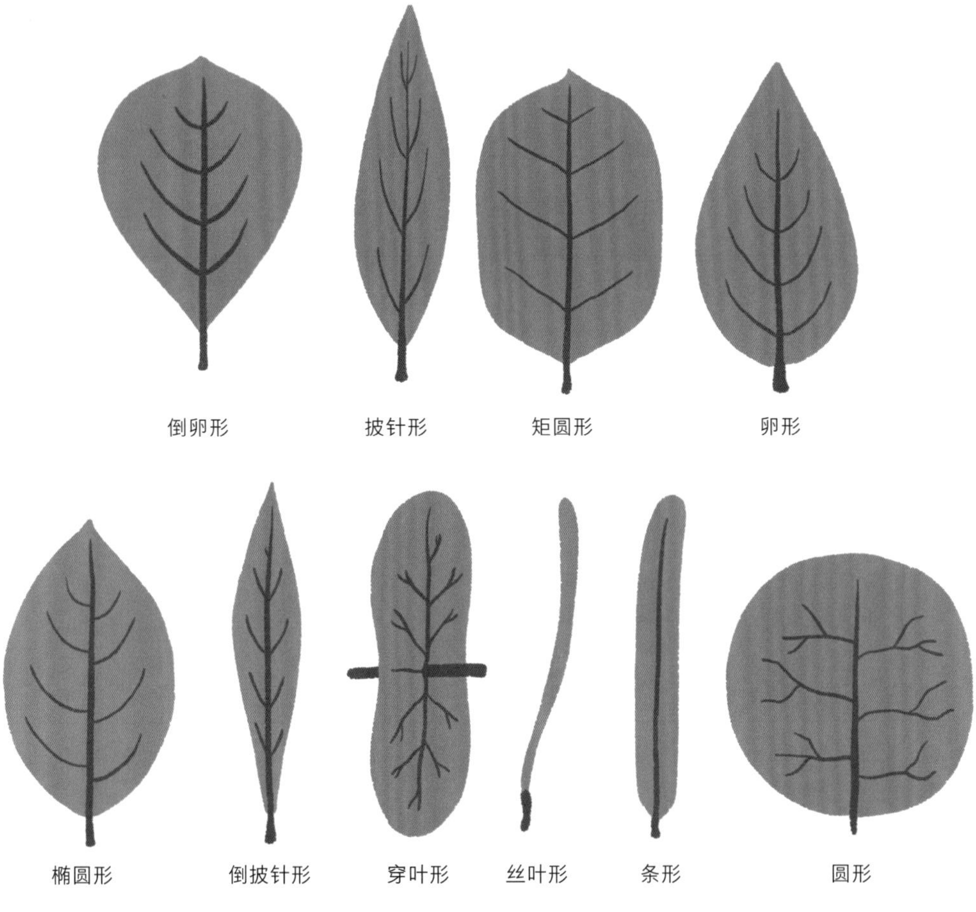

倒卵形 披针形 矩圆形 卵形

椭圆形 倒披针形 穿叶形 丝叶形 条形 圆形

复 叶

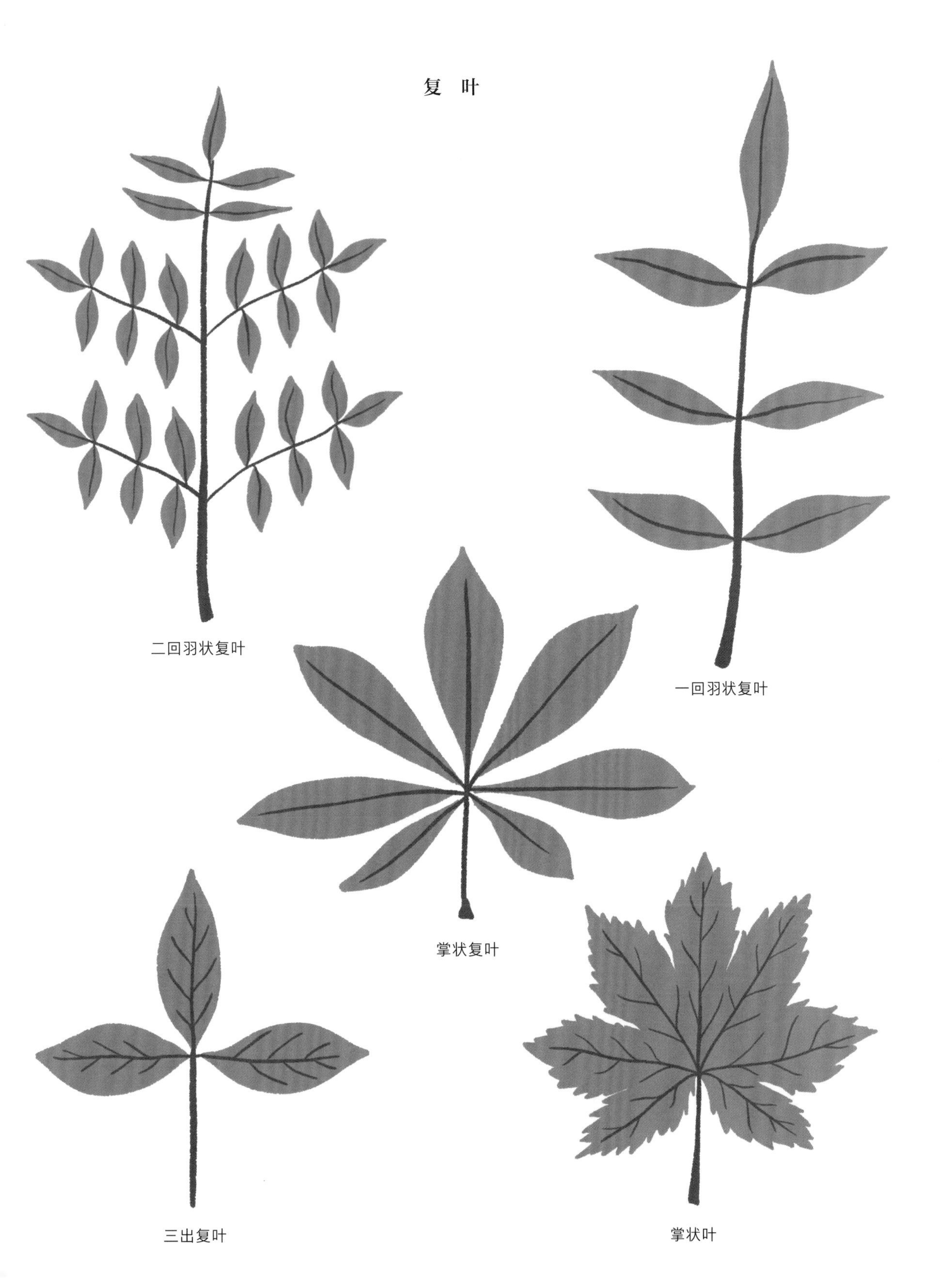

光合作用与碳循环

树木是无与伦比的生命力供应者，也是我们所知的应对全球变暖最可靠的盟友。了解使树木生长的神奇机制，就是了解这一伟大的植物对人类的赫赫功劳。

光合作用

几乎所有地球生命的基础。光合作用既为树木提供了营养物质，又为动物和人的呼吸作用提供了氧气。由树叶所捕获的阳光提供了不可或缺的能量，使根吸收的水分和空气中的二氧化碳能按照下列公式进行化学反应：

$6CO_2$		$6H_2O$		$C_6H_{12}O_6$		$6O_2$
空气中的二氧化碳	+	根吸收的水分	→	供树木利用的葡萄糖	+	供所有地球生物利用的氧气

为了优化光能利用效率，绿叶会在树枝周围形成薄薄的叶层。通过无数次细微的调整，它们找到了最为完美的捕获光线的角度。当光线较弱时，树木可以垂直支棱起叶片，使光线与叶片之间的接触面积最大化。

二氧化碳经由气孔进入植物体内（气孔是叶片表面非常微小的开口，它保证了树木与外部环境的气体交换）。气孔就如同一扇扇门，由两个细胞根据大气状况和每日时令控制其开启闭合。这两个细胞内外壁厚度不一，为了“开门”，它们需要吸水膨胀来将气孔撑开。当外部环境过于干燥时，气孔会保持关闭状态以免植物缺水，这和人不会总张大嘴巴是同一个道理。夜间，气孔也会关闭，因为一旦没有阳光，吸收二氧化碳只是做无用功。

树叶在其含有的叶绿素的影响下呈现绿色。阳光可以被分解为红光、蓝光、绿光……而叶绿素会反射绿光，同时吸收除绿光之外的所有色光。但叶绿素中含有的绿色素并不是只有着色的作用：它们还从光线中获取能量，从而触发光合作用，最终产生葡萄糖和氧气。而树木用剩下的氧气会经由气孔被释放到大气中，为动物和人类所利用。葡萄糖是树木生长所必需的重要糖类，它和水一起组成树木浆液。很多葡萄糖分子连接在一起可以形成纤维素，这是木质的主要组成部分，其中心还可以储存碳元素。

碳循环

树木在遏制温室效应的战斗中扮演了重要角色，它是碳元素长期而持久的捕获网。碳元素被光合作用固定下来，又以纤维素的形式储存在失去生命活性的木质中。除非是腐烂或燃烧，没有别的情况可以使碳元素被再次释放出来。因此，在 2019 年巴黎圣母院大火中，那些烧毁的木横梁就释放了其中储存了将近千年的碳。

如今的气候条件已经陷入紧急状态，树木则是补偿人类碳排放量的最优选择之一。种植树木并用木头为材料建房造屋是一种对排放的二氧化碳进行再固定的方式。

花

无论用何种标准来评判，唯有花才拥有如此严密的构造。然而，它却是生命最短暂、最为脆弱的器官。

花的作用十分明确：通过花粉受精实现繁殖。球果植物（拥有球果）传粉受精的过程比较隐秘，而被子植物（拥有花）则被视作吸引传粉媒介的艺术大师。

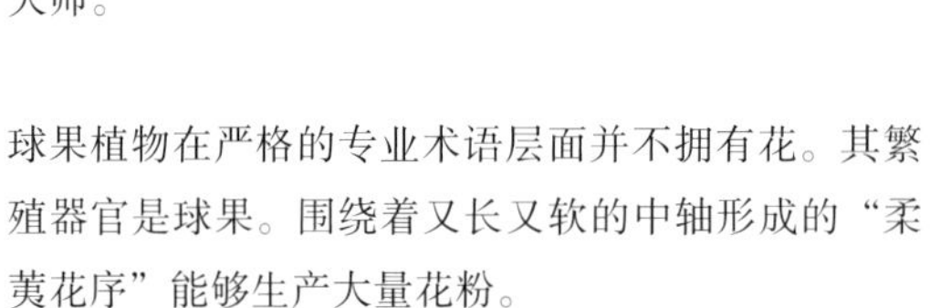

球果植物在严格的专业术语层面并不拥有花。其繁殖器官是球果。围绕着又长又软的中轴形成的“柔荑花序”能够生产大量花粉。

每种花朵的大小、形状和颜色都有很大的不同。有些花极其微小，比如说桤木或红栎的花；另一些花则示以庞大的隆起之态，比如木兰或者猴面包树的花。雄蕊的花药上储有花粉。请注意区分花瓣与萼片，后者一般呈绿色。花柄把花固定在枝条上。雌花、雄花和两性花都是存在的。

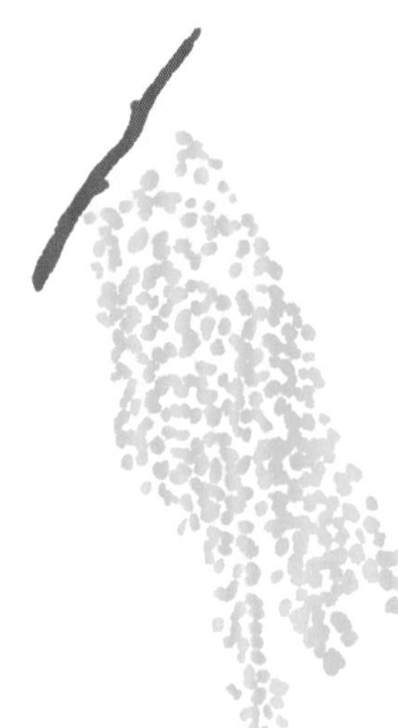

几种不同的花序

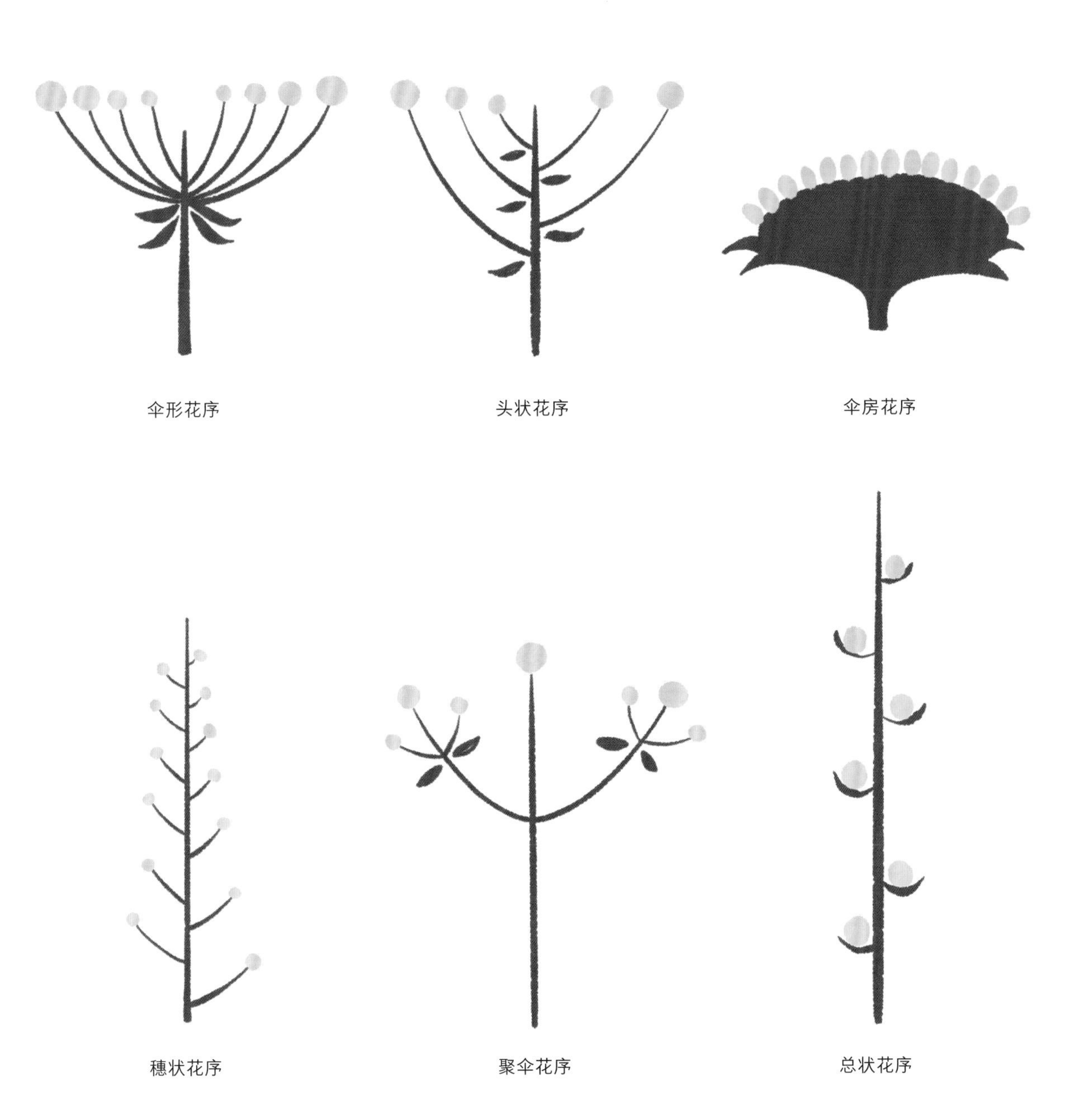

繁殖过程

通过各种巧妙的方法，树木在竞争中获得繁殖机会，并占据新的空间。为了达到这个目标，森林中的所有居民和各种各样的自然元素都成了树木的同盟……尽管有时是无心之举。

精准的时间调控

树木和人或者动物一样，拥有性成熟的年龄。在达到这个年龄之前，树木既不会开花，也不会结果。因此，冷杉和山毛榉，只会在年龄将近 50 岁时才开花，而鹅耳枥则相对比较早熟：15 岁就开始散播自己的种子了。

和我们一样，树木的生育力会随着衰老而逐渐减弱，并且，树木始终无法稳定规律地生产种子。这种不规律源自外部因素（环境、人为修剪、天气）。因此橡树和山毛榉每五六年才会迎来一次硕果期，而冷杉每两年就会有。至于杨树和榆树，它们的果实较小，每年都会结果。

球果植物：基础简单的繁殖过程

球果植物拥有最为简单的繁殖机制；其繁殖器官也是最小的。繁殖是否能成功主要取决于风，且此过程并没有任何的展示性。因此严格意义上来说。球果植物并没有花。

花之间的竞争

花的作用在于通过精卵结合来实现繁殖。有花植物拥有复杂的结构以保护繁殖器官并吸引各类传粉媒介。

花朵的形状、颜色，以及开花的季节性，都属于传粉受精机制的一部分。耀眼的花朵纷纷展开竞争来吸引传粉媒介。

果实

果实是由花孕育而出的雌性器官，其主要部分是含有胚珠的子房。它是树木繁殖过程的核心器官。譬如对杏树来说，胚珠会发育形成杏仁核，而子房会发育形成杏仁壳。至于果实外部的肉质部分，则来源于子房柄。

对于球果植物来说，情况有所不同：它们的胚珠没有子房包裹，因此种子外边也没有果壳。

果实有一个共同目标，那就是尽可能地远离其母树。大自然在实现树木与动物、树木与自然元素的协作中展现了极大的创造力。因此，树木会不计代价地倾注很大一部分的淀粉储量来形成果实的肉质部分，以吸引鸟类啄食。

不过，在野生状态下的树木种群只需要很小的后代发芽率便能维持其数目稳定性。多年生植物的繁殖是一个长期的且能够体现其适应性的过程。事实上，树木是大型且长寿的有机体，它们不会随随便便地把自己的位置让给他人。树木生长速率较为缓慢（与人类的时间尺度相比），这就解释了为何原始林的形成需要好几个世纪。

种子的能力令人惊讶。这看似寒酸可怜的小籽以胚的形式贮存了一棵树的全部未来。成熟的种子不仅含有处在原始形态的根与胚芽，还具有储存营养物质的器官，这些营养器官之后将会形成树木最初的功能叶。

散播种子的方法

① 哺乳动物

它们会储存种子留着过冬时用，但之后时常忘记储存的位置。比如说松鼠，几乎会把橡实埋得到处都是。

② 鸟类

它们以果实为食，而种子会随着鸟儿的粪便散布到四方。

③ 气囊

气囊就像小小的气球，使种子能够顺水漂到河滩或其他湿润的土壤。桤木的种子就属于这种情况。

④ 翅果

翅果散播的原理和直升机一样——另外说一句，这个学名还是小孩子们给它起的。槭树的果实即是一个最完美的例子。

⑤ 种子射手

一种较为小型的灌木，金缕梅，就常用种子弹射的把戏。它在进化中发展出了这种机制，从而能把种子猛掷到 2 米以外的地方。

⑥ 风

风散播最为轻巧的种子。柳树和杨树的种子都毛茸茸、轻飘飘的。狂风一作，它们就随之四散飞去。

①
②
③
④
⑤
⑥

裸子植物与被子植物

树木可以被分为公认的两大类：裸子植物和被子植物。两者的区别在于，前者不形成果实，而后者会形成果实。

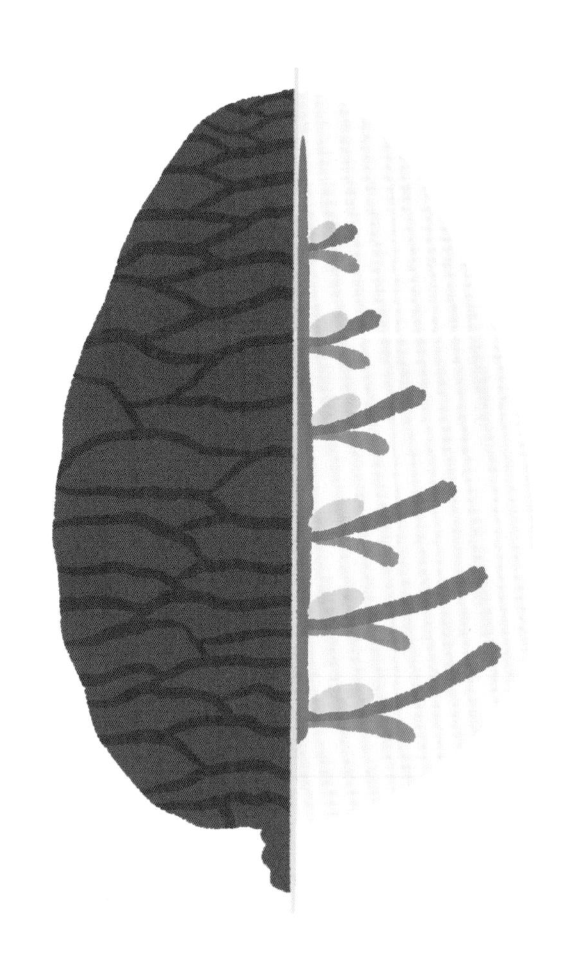

裸子植物

裸子植物曾经在很长一段时间内都占有绝对的优势地位：在恐龙时代，裸子植物的种类可达数千种。如今，这一类植物早已呈现衰败之势，只有 800 种存活在世上，主要分布在北方的大型森林中。

裸子植物大都质朴无华。因此其花朵的尺寸都比较小，从来没有大型的彩色花瓣。并且，裸子植物的花朵都是单性花：有雄花和雌花之分，不存在雌雄同花的两性花。如果裸子植物的雌球花在成熟后覆盖有鳞片，而种子又生于其鳞片间，我们就称这种裸子植物为球果植物。松树的球果是锥形的，云杉的球果是近柱形的，巨杉的球果是卵形的，柏树的球果是圆形的。“雄球果”这个概念严格来讲并不存在，被称为小孢子叶球的构造实际上指的是雄花而非雄球果。同时，我们所说的球果也确实与被子植物成熟的雌花序很相似。但若是单独使用的话，“球果”这个概念均指雌球果。其每一片鳞片都含有一个苞片和一个胚珠。因此一个鳞片也就相当于一朵花。

蒴果
这种果实会自己开裂。
例如：胡桃、栗、橡实。

浆果
其果实部分完全为肉质。
例如：牛油果（位于中心的那颗大种子并不是一般意义上的“果核”）、越橘、醋栗。

瘦果
这种果实不会自发开裂。
例如：槭树、榆树、楞树、桤木、桦树。

翅果
翅果是一种拥有膜状翅突起的瘦果。
例如：榆树、槭树。

核果
有核的肉质果实。
例如：樱桃、李、杏、桃、油橄榄。

梨果
该植物学术语专指苹果或梨。梨果以其果皮为特征，这是一种肉质结构，它在受精后逐渐发育，并包裹保护果实。

被子植物

下含26万种植物，其中有将近6.5万种阔叶树：橡树、山毛榉、椴树、榆树……这些树木分布在56个目大约445个科1.2万个属中。被子植物对人类社会具有至关重要的经济意义。它们为人类提供了食物和原材料，还作为装饰性树种给我们的生活带来美丽的风景。

被子植物的花朵与人们对这个词的普遍印象相吻合：漂亮的花瓣，美丽的颜色，特别的香气。

然而，使被子植物独立为一个类别的却是它的果实。为了厘清这其中的门道，科学家们开创了“果实学”，也就是对不同果实的种类加以区分和描述的学科。

由一朵花的子房发育而来的果实叫作单果，而由同一花序上的多朵花一同发育而来的果实叫作复果。肉质果可分为浆果、核果和梨果。

辨认树种

本书既是对大自然的介绍，又是请你踏上自然之旅的邀约，只为有尽可能多的读者受益于此。后文的识树档案让你能够辨认出四周的树木。那么现在先学习一下如何使用这份指南吧！

根据外形进行分类

总的来说，这份识树指南会根据字母表顺序列出树种，并且要么按照树的学名，要么按照其所属的科来进行区分。这要求读者去接触树木的学名和科的分类。如果你之前对此没有很多了解，请参阅本书结尾处的拉丁名和俗名索引。

要认出你希望识别的树种，只需要观察它的外形。不过要注意的是，树木的外形在很大程度上取决于环境，尤其是树木占据的空间和受阳光照射的程度。

❶ 外形

笔者根据外形对树木进行分类，以便所有的读者都能看懂这份识树指南。

有不同的术语来描述树木的形态，这里只选择了其中 5 种。

金字塔形

树干不会分开成粗壮的、向外延伸的树枝，它直到树顶都保持笔直。树干两侧的同一高度对称生长着相同长短的小树枝，越往塔尖走，这些小树枝就越短。

外扩形

一般来说，小灌木的外形就属于这种情况。树枝朝着各个方向随意自由地生长，并无一个固定规则的形状。

云朵形

其树冠如同天空的云朵一般，有着不同的形状，英国人一般优雅地称之为“像云一样”（cloud like）。但这种树木的形态拥有或多或少的规则性，要么可能是球形，要么可能是椭圆形，要么可能是卵形。

刷形

这种纺锤状树木的特征在于，竖立生长的树枝与树干成锐角，树的两端呈尖形。仿若一簇簇毛被笔刷的金属环固定在了一起。

层状结构

这种形态的树木拥有水平的或轻微倾斜的树枝。它的特点是能够形成不太规则的枝叶平台。“伞形树”即是一种单分层的树。

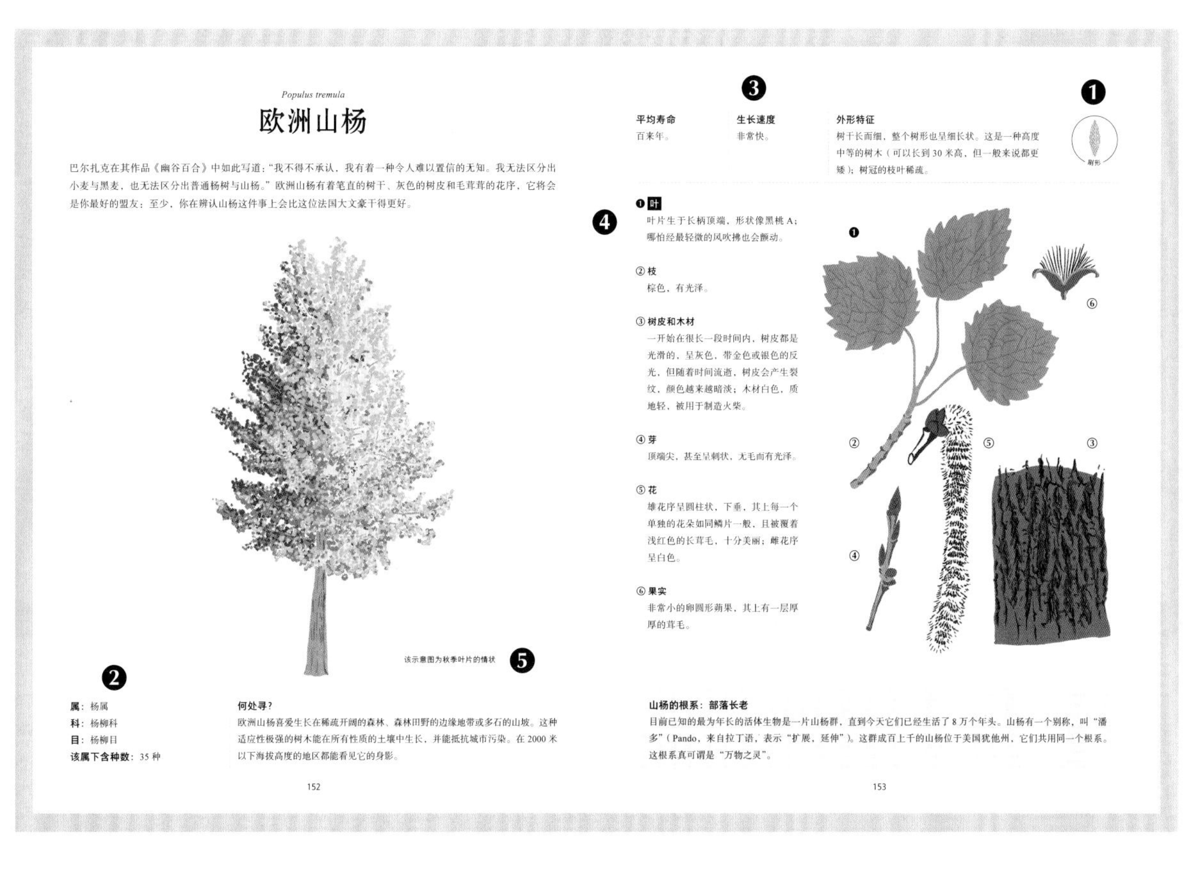

Populus tremula

欧洲山杨

巴尔扎克在其作品《幽谷百合》中如此写道："我不得不承认，我有着一种令人难以置信的无知。我无法区分出小麦与黑麦，也无法区分出普通杨树与山杨。"欧洲山杨有着笔直的树干、灰色的树皮和毛茸茸的花序，它将会是你最好的盟友：至少，你在辨认山杨这件事上会比这位法国大文豪干得更好。

该示意图为秋季叶片的情状 5

2

属：杨属
科：杨柳科
目：杨柳目
该属下含种数：35 种

何处寻？
欧洲山杨喜爱生长在稀疏开阔的森林、森林田野的边缘地带或多石的山坡。这种适应性极强的树木能在所有性质的土壤中生长，并能抵抗城市污染。在 2000 米以下海拔高度的地区都能看见它的身影。

152

3

平均寿命
百来年。

生长速度
非常快。

外形特征
树干长而细，整个树形也呈细长状。这是一种高度中等的树木（可以长到 30 米高，但一般来说都更矮）；树冠的枝叶稀疏。

1 刷形

4

❶ 叶
叶片生于长柄顶端，形状像黑桃 A；哪怕经最轻微的风吹拂也会颤动。

② 枝
棕色，有光泽。

③ 树皮和木材
一开始在很长一段时间内，树皮都是光滑的，呈灰色，带金色或银色的反光，但随着时间流逝，树皮会产生裂纹，颜色越来越暗淡；木材白色，质地轻，被用于制造火柴。

④ 芽
顶端尖，甚至呈刺状，无毛而有光泽。

⑤ 花
雄花序呈圆柱状，下垂，其上每一个单独的花朵如同鳞片一般，且被覆着浅红色的长茸毛，十分美丽；雌花序呈白色。

⑥ 果实
非常小的卵圆形蒴果，其上有一层厚厚的茸毛。

山杨的根系：部落长老
目前已知的最为年长的活体生物是一片山杨群，直到今天它们已经生活了 8 万个年头。山杨有一个别称，叫"潘多"（Pando，来自拉丁语，表示"扩展，延伸"）。这群成百上千的山杨位于美国犹他州，它们共用同一个根系。这根系真可谓是"万物之灵"。

153

❷ 该分类所包含的树木种数

根据国际植物园保育协会发布的一项研究报告，世界上总共有 60065 种不同的树木。但是，植物学家们在"一种树到底该归到这一科还是归到那一科"的问题上常有争论。因此，我们有时选择提出一系列的可能性，即在不同资料来源之间达成共识，而非承认严谨单一的甚至可能是虚假的信息。

❸ 生长速度

对树木生长速度的评判过程注定是主观的。根据环境的不同，人为照料的有无，天气条件的优劣，同一种的两棵树也会以不同的速率生长。因此，"生长速度"这一栏中的信息并没有精确的科学性。我们探讨的是一种在最佳条件下对树木生长速度的估测。

❹ 识树秘诀

有些特定的信息可以使人们一眼认出一棵树，或许是它的树皮，或许是它叶片的形状，也或许是它的果实，等等。此栏目即指出了这种辨识性特征。

❺ 季节

除非特殊说明，我们都以春天的叶片情况来展示树木。但为了审美因素，也为了全面展示不同的树冠类型，树木有时会披着秋天或冬天的外衣出场。在这种情况下，此特定季节就会标注在识树档案上。

Abies pectinata

欧洲冷杉

尽管冷杉和云杉的外表相似，它们却是不同的属。冷杉的球果直立，叶片以短柄与枝条相连。而云杉的球果下垂，叶片无柄，直接附着在枝条上。

属：冷杉属

科：松科

目：松柏目

该属下含种数：40

何处寻？

这种树木对生长环境的要求十分明确：黏性深层土，土质新鲜，碱性或带有中度酸性。最适宜的生长条件：炎热夏季，多雨湿润。它可以在超过 2000 米的海拔高度生存。

平均寿命	生长速度	外形特征
700 年。	中等速度（20 年长 10 米）。	这是一种大型树木，高达 50 米，呈锥形，树干笔直；老树的树冠更为宽大。所有冷杉都生长在北半球。

① 针叶

扁平，顶端钝，且为圆形；2 至 3 厘米长；它们呈螺旋状生于树枝上，叶片底侧有 2 条银色气孔带。

② 枝

光滑，灰色，覆盖着细小的短茸毛。

③ 树皮和木材

树皮在很长一段时间里都呈光滑的浅银灰色，会随时间剥落；木材略带粉红色，心材呈棕色，没有树脂，可作为建筑木材或室内家具木料。

④ 芽

小球状，顶部呈圆形，几乎不含树脂。

⑤ 花

雌花序较小，鲜绿色，肉质，呈锥形。生长在枝条的上表面，特别集中在树顶。雄花黄色，卵形，十分微小。

⑥ 球果

垂直竖立在树枝上，像雪茄一样，较大，呈圆柱形。它们具有突出的鳞片和尖锐的苞片，具有向下弯曲的尖端；球果会在秋天脱落，中轴会在整个冬天独自留在树枝上。

属于画家与音乐家的树种

冷杉的树皮含有能用于工业生产的单宁：举个例子，它可以生产松节油（没有别的产品可以替代它溶解油画的作用）。冷杉陈年发黄的木材拥有很好的共振性能，因此被用于制造乐器（尤其是管风琴的音管）。

Alnus incana

灰桤木

桤木的声学性能极其优良，它是吉他制作中最受欢迎的木材之一。尤其是著名的斯特拉托卡斯特吉他，其琴身就由桤木制成。灰桤木的拉丁学名中，incana 的意思是“灰白”，原指头发的颜色。

属：桤木属

科：桦木科

目：壳斗目[1]

该属下含种数：30

何处寻？

这是一种对生长条件要求不高的树木。它喜阳，近水生长，在各类土壤中都能拥有旺盛的生命力。桤木对钙质土壤、霜冻和强风均不敏感。它也能耐盐，但不适应积水环境。

注：为保持版面美观，本书所有注释统一为书后注。

平均寿命	生长速度	外形特征
100 年。	快。	很少超过灌木的高度；呈非常标准的锥形，有时倾斜，通常在针叶林边缘成簇出现。

❶ 叶

顶端皆尖，叶面通常很宽，叶缘双锯齿，背面带有白色的茸毛。

② 枝

一开始覆盖灰毛，毛脱落后，枝条光滑。

③ 树皮和木材

树皮银灰色且光滑；木材白色泛黄，质量不太高。

④ 芽

纤长，绿色，带有长柄。

⑤ 花

雄花序较长且下垂，雌花序为团伞花序，非常小且直立。

⑥ 果实

褐色，柄短；果实是小的瘦果，形如短翅，被风散播。

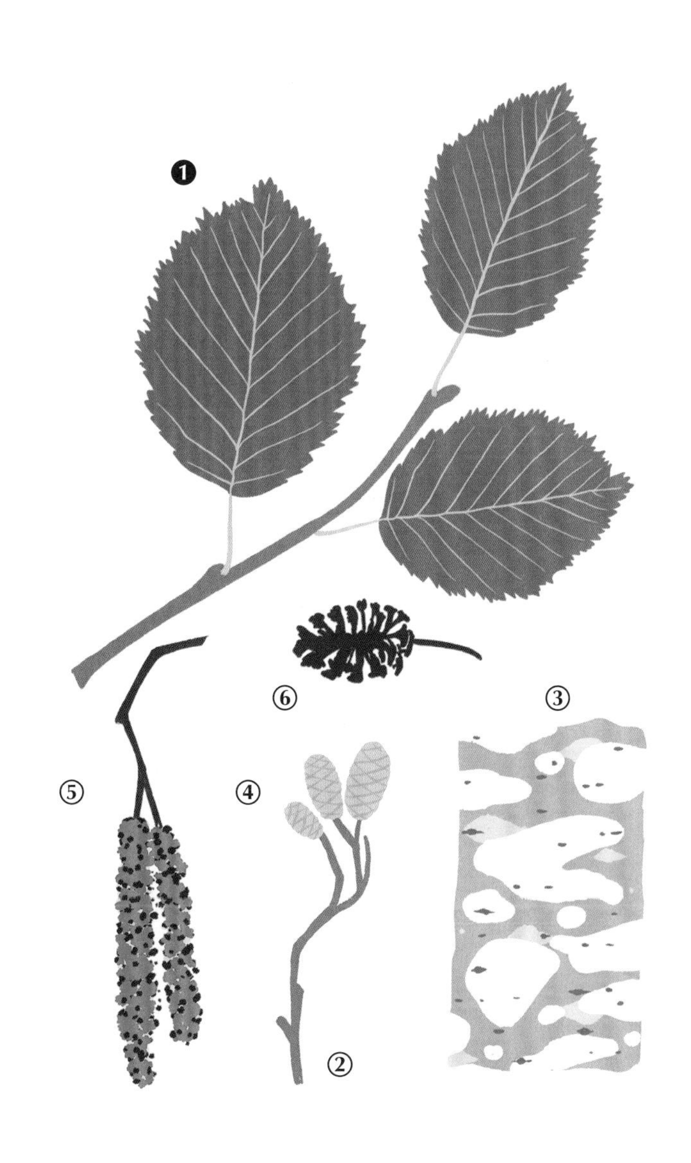

当歌德赞颂桤木

约翰·沃尔夫冈·冯·歌德（Johann Wolfgang von Goethe）的著名诗作《桤木王》讲述了这样一个故事：出没于森林中的邪恶生物——魔王——不断诱惑一个孩子，并最终带走了他的生命。歌德是从古代文学中受到的启发吗？对于古希腊人和古罗马人来说，桤木是死亡之树。

Araucaria imbricata

智利南洋杉或称猴谜树

南洋杉一词来源于对智利印第安人的叫法，即 Araucans。西方植物学家正是在他们国家的中部首次发现智利南洋杉。它在欧洲被戏称为“猴谜树”：18 世纪的探险家坚定地认为，猴子很难攀登这棵刚硬而带刺的树……话虽这样说，但智利并没有猴子！

属：南洋杉属

科：南洋杉科

目：松柏目

该属下含种数：15

何处寻？

它是阿根廷西南地区和智利的特有物种，形成了令人印象深刻的南洋杉林。智利南洋杉需要湿润的空气和疏松、深厚、渗水性好的土壤。它喜欢接受夏季阳光的照射，能忍受冬季复杂的环境条件。

平均寿命	生长速度	外形特征
2000 年。	慢。	外观非常刚硬，仿佛是一棵塑料制成的假树。呈金字塔形，但树顶并不尖锐。树枝水平生长，在末端呈直立态。其树干笔直。

❶ 叶

叶常绿，又短又粗，极度坚硬而锋利。它们覆盖树枝，叶尖朝上翻起。

② 枝

覆盖着深绿色而有光泽的叶子。

③ 树皮和木材

树皮金褐色，带有由叶枕形成的横向凸起；木材略带红色，柔软轻盈；能用于许多领域：制造薄木贴面、生产纸浆或用于细木工活。

④ 花

雄球花圆柱形，下垂，有数百个形似小叶片的雄蕊。

❺ 球果

差不多一个洋蓟的大小，在两年内生长成熟，呈竖立的球形。它们的鳞片顶端有长刺。种子可食用。

保护物种

在智利，每年会收获成吨的南洋杉种子，人们对它十分喜爱。自智利南洋杉被濒危野生动植物物种国际贸易公约（CITES）列入保护名单后，该类树种及其各部分都被禁止出售。

Larix decidua

欧洲落叶松

落叶松是一种较为稀有的球果植物，它会于冬季脱落松针。这种树在夏季会重新披上一身叶片，其小玫瑰花形的叶片是该属独一无二之处。

属：落叶松属

科：松科

目：松柏目

该属下含种数：10

何处寻？

落叶松是一种生长在2400米以下海拔高度的山地树种。喜欢阳光、开阔的空间和干燥凉爽的土壤。在城市、炎热地区或是干旱地区无法良好生长。因为落叶松在秋季颜色十分美丽，人们常把它当作英式花园中的装饰树种。

平均寿命

200到300年。

生长速度

快，只用15年就能达到成熟状态。

外形特征

树干笔直，轮廓呈锥形；针叶会脱落，叶片在春季是非常柔和的绿色，在秋季则是鲜红色。落叶松给人以清淡如云的印象。

① 针叶

会脱落，颜色鲜丽，使落叶松成为美丽的装饰性树种。

② 枝

浅玫瑰色，微泛黄白色。枝条光滑，表面不带蜡质粉霜。

③ 树皮和木材

树皮非常厚，大范围龟裂，呈琥珀棕色。木材坚硬结实，常作建材，尤其是用于建造山间小屋。

④ 芽

棕褐色，小，卵形，有光泽。

⑤ 花

春天时，雌花序在新出的绿叶中仿若一颗颗红宝石。花都呈直立状生于短枝。

⑥ 球果

卵形，最开始是红色，而后逐渐变成棕褐色。其上鳞片不多，球果不弯曲或者轻微弯曲。

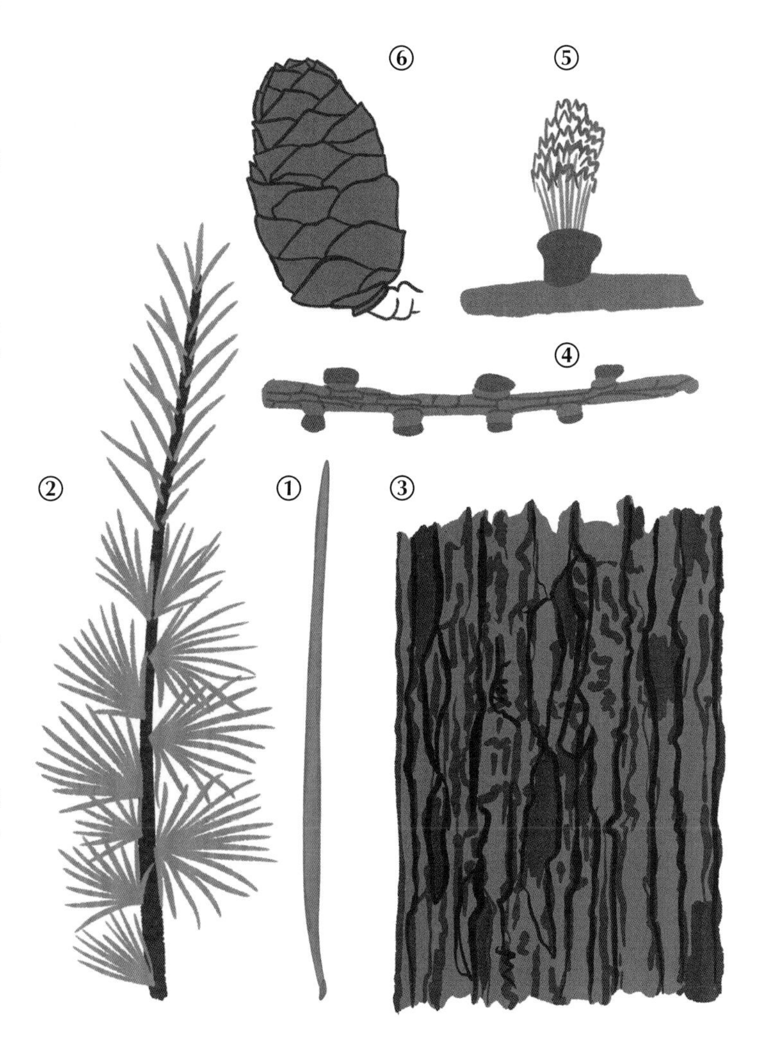

比普通口香糖口感还好

落叶松的树脂可以创造奇迹。其中一个例子就是威尼斯松节油，这种松节油被用于制造有光泽而有黏性的清漆。同样地，还有一种法国人称之为布里昂松甘露的东西：初春从树皮上收获的白色且黏稠的小颗粒，可作为口感清甜的口香糖来嚼。

Magnolia grandiflora

荷花玉兰

最早一批到达欧洲的玉兰差点就为人所遗忘。这种带有革质叶的小树先在温室中度过了好几年，才被一位园丁移植到室外，开始大量绽放。最初玉兰遭受了多少冷漠，如今就收获了多少追捧。

属：木兰属

科：木兰科

目：木兰目

该属下含种数：35

何处寻？

人们通常将其种植在南向或西向的墙边。它更喜爱非钙质的土壤，并且对营养物质的需求量十分大：最好为其提供肥沃湿润的土壤。如果天气太冷，玉兰的叶片会受损伤。

平均寿命

约 100 年。

生长速度

较慢

（20 年长 9 米）。

外形特征

荷花玉兰是木兰属中最高的树，可以轻易地长到 30 米。它呈金字塔式的穹顶状，不过树形不太规则。

❶ **叶**

宽大（约25厘米长，10厘米宽）；常绿，革质，正面深绿色，有光泽；背面覆盖着红棕色的茸毛；叶片会随着时间流逝变得越来越薄。

② **枝**

覆盖着赭石橙色的浓密茸毛。

③ **树皮和木材**

树皮灰色，带有白色斑点。随着时间的推移，会出现较大的鳞片状龟裂；木材色浅，轻而柔软。

④ **芽**

绿色，披针形；有托叶覆盖，能保护掉落的芽。

❺ **花**

非常大（直径可达 25 厘米！）；香味浓郁；由十个乳白色花瓣和黄色雄蕊缠结而成。

⑥ **果实**

锥形，像幼年期洋蓟，状似菜豆的红色大种子会从中脱落。

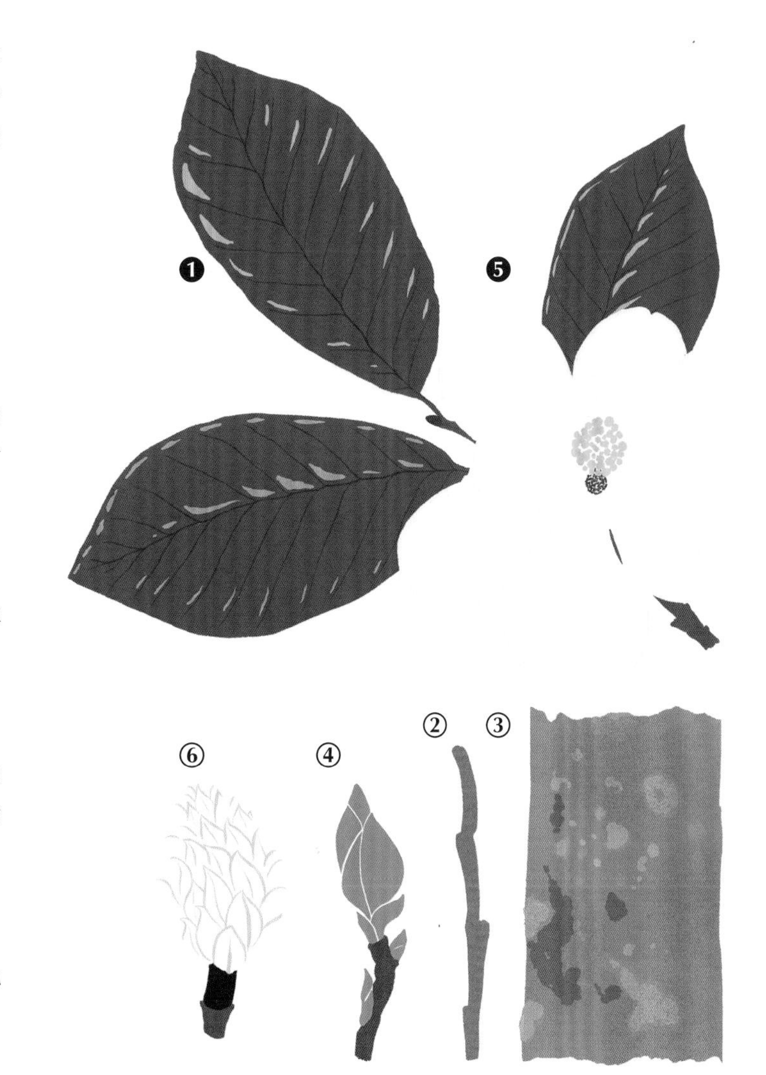

剑鞘

按照传统，玉兰树的木材曾被用于制造日本剑的剑鞘。它的吸湿性好，纤维很适合用木凿切割。

Picea abies

欧洲云杉或称红冷杉

云杉呈金字塔形，象征着生命力。但长成这个样子对云杉来说可是件不幸的事——它一般在圣诞节被砍来当成圣诞树用。

属：云杉属

科：松科

目：松柏目

该属下含种数：大约 50 种

何处寻？

中欧 70% 的森林树种都是云杉。它能够在 2200 米以下的海拔高度生存。云杉能够适应多变的环境，但更喜欢疏松凉爽的土壤，不耐长期干旱。

平均寿命	生长速度	外形特征
如果没有天敌打扰的话，它能活超过500年。	快。	呈完美的锥形；云杉是欧洲最高的树种，最高可达60米。

① 针叶

非常短（1.5厘米到2.5厘米），较为尖锐，有强烈的香气，绕枝条呈螺旋状排列。

② 枝

黄色，革质，通常光滑。

③ 树皮和木材

树皮红棕色，会剥落成小小的圆形鳞片；边材和心材没有明显的分界线，总体呈白色，常用于制作乐器，其共鸣性能良好。

④ 芽

顶端圆润，没有树脂。

⑤ 花

单性花，雌花序直立，浅绿色，有时为红紫色；雄花序看起来像小小的蛋黄。

⑥ 球果

细长（12厘米到16厘米），纺锤形，赤褐色，鳞片易脱落。

喜爱球果植物的画家

德国浪漫主义画家卡斯珀·大卫·弗里德里希（Caspar David Friedrich）很喜欢画球果植物，他尤为喜爱云杉。在他看来，一幅画作中的每个元素都有其象征意义：如果说山岳隐喻信仰，球果植物则代表希望。在他的画作《森林中的云杉丛》（*Fichtendickicht im Walde*，1828）中，卡斯珀·大卫·弗里德里希就赞颂了云杉这种高山植物。

Pseudotsuga douglasii

花旗松

虽然花旗松的拉丁学名与铁杉（tsuga）很像，但它长得更像冷杉。与冷杉相比，花旗松的针叶更加纤细，下垂球果并不会脱落。这是世界上最重要的产树脂植物之一：仅在北美，花旗松的林区就绵延了 3000 多千米。

属：黄杉属

科：松科

目：松柏目

该属下含种数：5

何处寻？

因为花旗松的生长速度十分快，它得以成为人工林的主要树种。花旗松分布广泛，北美、哥伦比亚、斯堪的纳维亚半岛和西欧都有它的身影。它可以很顺利地在 3000 米以下海拔高度的湿润山土中生根发芽。

平均寿命	生长速度	外形特征
600 年。	非常快 （20 年长 18 米）。	花旗松长得非常高大（最高为 127 米，平均来说，有 60 米）；我们根据它笔直修长的树干、伸展的树枝和锥状的外形来辨认它。

❶ **针叶**

柔软不扎人，绕枝条生长，有一股强烈的柠檬香气。

② **枝**

纤细，红棕色，其上有细密的茸毛。

③ **树皮和木材**

树皮最初带有树脂泡，呈暗绿色，之后变成灰色，并出现橘红色的条状开裂。上了年纪的花旗松开裂得非常深，比起幼树的灰色，还泛银白色。花旗松具有橙粉色的心材和白色的边材，它又重又硬，非常坚固；花旗松还是全球市场上第一个用于生产树脂的树种；胶合板工业亦以花旗松木材为原料。

④ **芽**

紫红色，顶尖锐，不含树脂。

⑤ **花**

雄花呈小小的黄色锥状，长在树枝的顶端；雌花序直立，为粉红色，带有突出的苞片。

❻ **球果**

下垂，大约有 10 厘米长；可以凭其上的三尖苞片很轻易地识别出花旗松的球果。

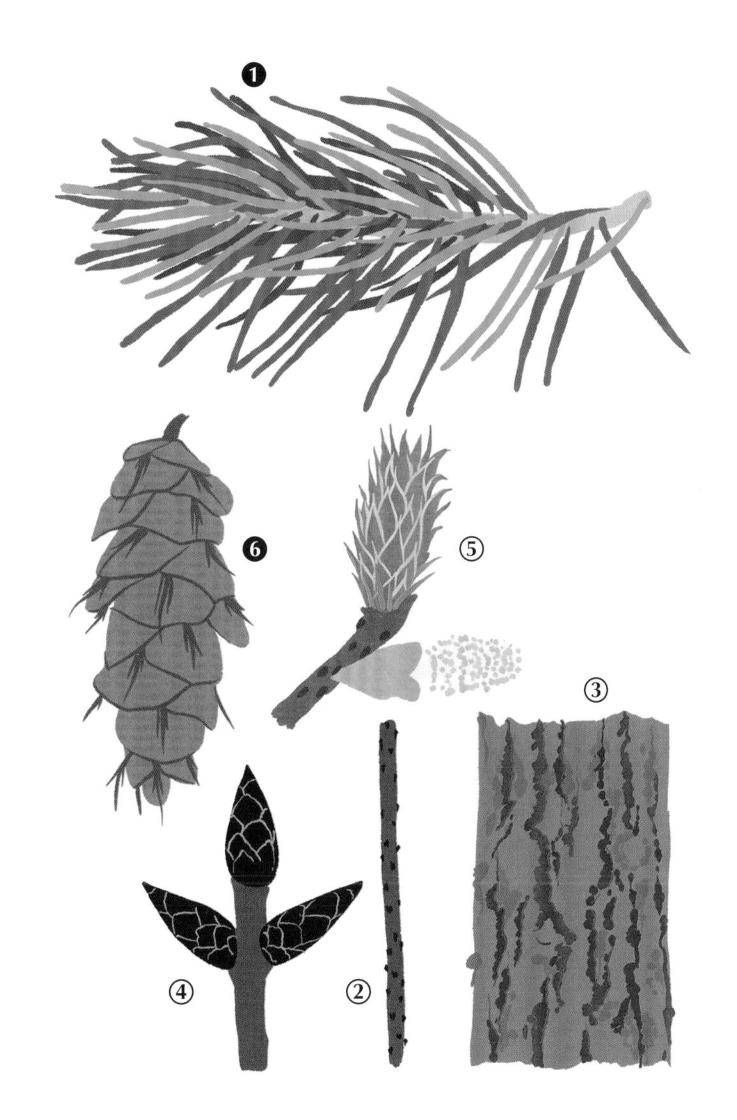

圣诞树的原型

除了用来种植人工林外，花旗松还被人砍来当作圣诞树（对它来说可是件不幸的事）。没办法，谁叫花旗松不仅长得快，生长期还超过 80 年呢。

Taxus baccata

欧洲红豆杉[2]

红豆杉的寿命长得惊人。为人所知的就有好几株千年古树。苏格兰福廷格尔的一棵红豆杉有超过 1500 年的历史，而德国库尔姆巴赫的一棵红豆杉已将近 2000 岁。至于法国拉艾德鲁托的那两棵红豆杉，它们的树干周长分别超过了 14 米和 15 米。两棵树树干均中空，一棵用作小教堂，一棵用作礼拜堂。

属：红豆杉属

科：红豆杉科

目：红豆杉目

该属下含种数：8

何处寻？

红豆杉抗性强，可以耐阴、耐热、耐污染，它也可以生长在陡峭的岩壁和高海拔地区，能抵抗别的大树根系对它的挤压。红豆杉更喜欢湿润的空气和疏松、腐殖质的土壤。

平均寿命	生长速度	外形特征
1000 到 2000 年。	极其缓慢。	矮壮，虽说高度一般不超过 20 米，却能在横向占据极大的面积。

❶ **针叶**

绕树枝生长，柔软，正面是深绿色，背面色浅，顶端尖。注意，红豆杉的针叶有剧毒（尤其是对于马来说）；且红豆杉所有的器官都含有非常危险的生物碱：红豆杉碱。

② **枝**

一开始为绿色，光滑，3 年后会渐渐变成棕褐色。

③ **树皮和木材**

树皮棕褐色，略带红色，易剥落；木材细密，质地均一，边材黄色，心材淡红色；常被用于制弓，红豆杉拉丁学名中 taxus 的意思就是弓。

④ **花**

红豆杉是雌雄异株植物（一部分树是雄性，另一部分树是雌性）；小球形的雄花序有着钉子状的雄蕊群，会散出一团团黄绿色的雾状花粉；雌花序并不显眼，看起来像小蚕豆或是绿芽。

❺ **果实**

有假种皮；鲜红色，有光泽。

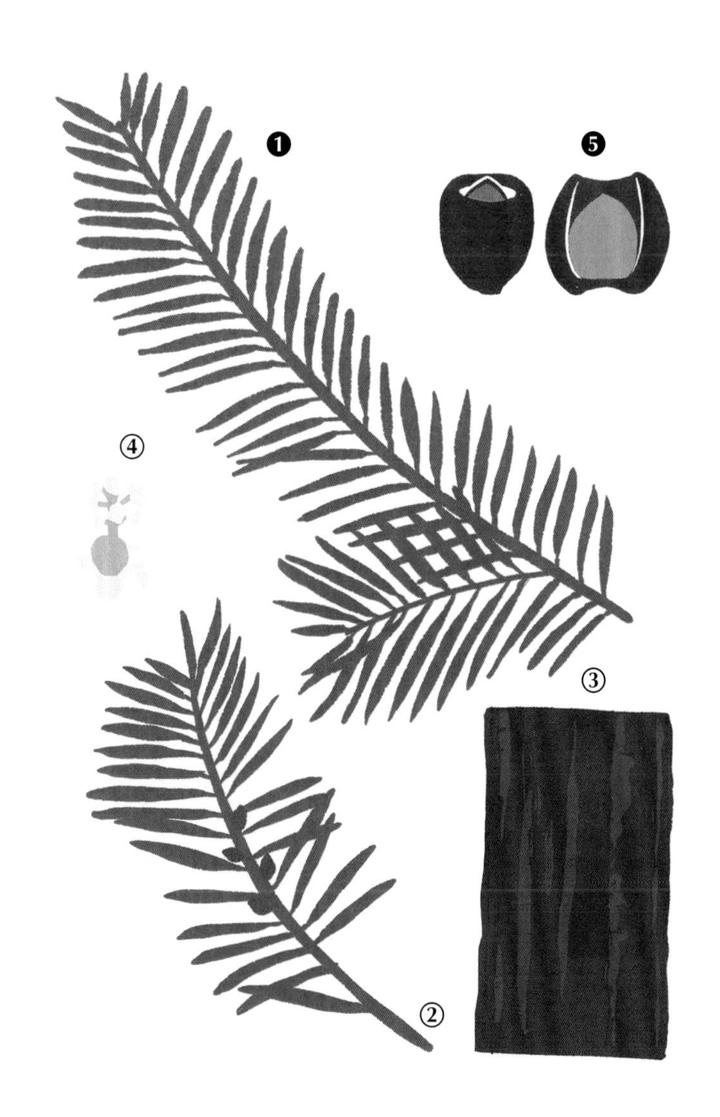

悲惨的传说

在很长一段时间，红豆杉曾被视作有害的植物，并与死神联系在一起。这就是为何我们如今还按照传统，在墓地中种植红豆杉的原因。要是你不想早早地安睡在坟墓之中，请记住这句诺曼底谚语：砍下红豆杉，当年便殒命。

Tsuga heterophylla

异叶铁杉或称西部铁杉、加利福尼亚铁杉

铁杉经常会被错认为云杉或冷杉。加拿大法语中称铁杉为 pruche，这个单词来源于 Prusse，即普鲁士，从前欧洲人用它来代指云杉。而我们可以凭借铁杉小小的卵圆形球果和扁平带柄的松针将它与云杉区分开。

属：铁杉属

科：松科

目：松柏目

该属下含种数：10

何处寻？

北美的西北地区是铁杉的故乡。铁杉喜爱湿润的空气和疏松浅层的土壤。喜阴。它对大气污染十分敏感，不耐受极端高温。

平均寿命	生长速度	外形特征
500 年。	快。	树干笔直，树冠呈金字塔形；较为高大，尤其是美国的铁杉，可以高达 75 米。

① 针叶

常绿，叶面窄，长度短（小于1厘米），背面有白色的条状带。

② 枝

深棕色，覆盖着卷曲的长茸毛。

③ 树皮和木材

树皮灰棕色，上有细密的裂纹；木材泛黄，无树脂，无气味，无特殊的利用价值。

④ 花

花序均呈圆柱形，雄花序为黄色，雌花序为绿色。

❺ 球果

生于枝条顶端，相对较小（2 厘米到 3 厘米）。我们可以通过球果来大致区分铁杉和云杉。

有多种用途的木材

异叶铁杉的木材是用于纸张、纸板和合成纤维制造工业最好的材料之一。但它也能用来生产日常用品：如餐具、滑轮挂钩。此外，铁杉树皮中含有的单宁往往被用于皮革鞣制。

Alnus glutinosa

欧洲桤木

桤木拥有能够固氮的菌根，也就因此可以在非常贫瘠的土壤中生长。桤木肥沃土壤的特性使得它被用于修复、更新受污染的土壤。

属：桤木属

科：桦木科

目：壳斗目

该属下含种数：30

何处寻？

这是一种适应性很强的树木，尤为喜爱被水浸润的地带和凉爽潮湿的土壤。因此，它一般生长在多沼泽的森林。喜阳，经常与柳树、杨树相伴而生。

平均寿命
300 年。

生长速度
初期非常快
（20 年长 12 米）。

外形特征
树干笔直；但随着年龄的增长，锥形会越来越不明显。

① 叶
深绿色，呈饱满的心形，带有不规则的锯齿。叶柄很长；叶片较宽大（4 厘米到 10 厘米长），其上差不多有 6 对叶脉。

② 枝条
光滑柔软，稍带黏性。

③ 树皮和木材
树皮最开始为深棕色，并且很光滑，带有银白色的皮孔，后来随时间流逝龟裂成不规则的大型鳞片；木材接触空气后会变红，且很容易腐烂。但奇怪的是，它在水下反而会获得很强的抗性。

④ 芽
有柄，通常为淡紫色，像根棒球棍。

⑤ 花
雄花序红棕色，下垂，长 5 厘米到 10 厘米；细小的雌花序呈锥形，垂直且直立，与雄花序生于同一枝条上。

⑥ 果实
果实成群生长，外观上呈锥形，就像微型的松果一样。

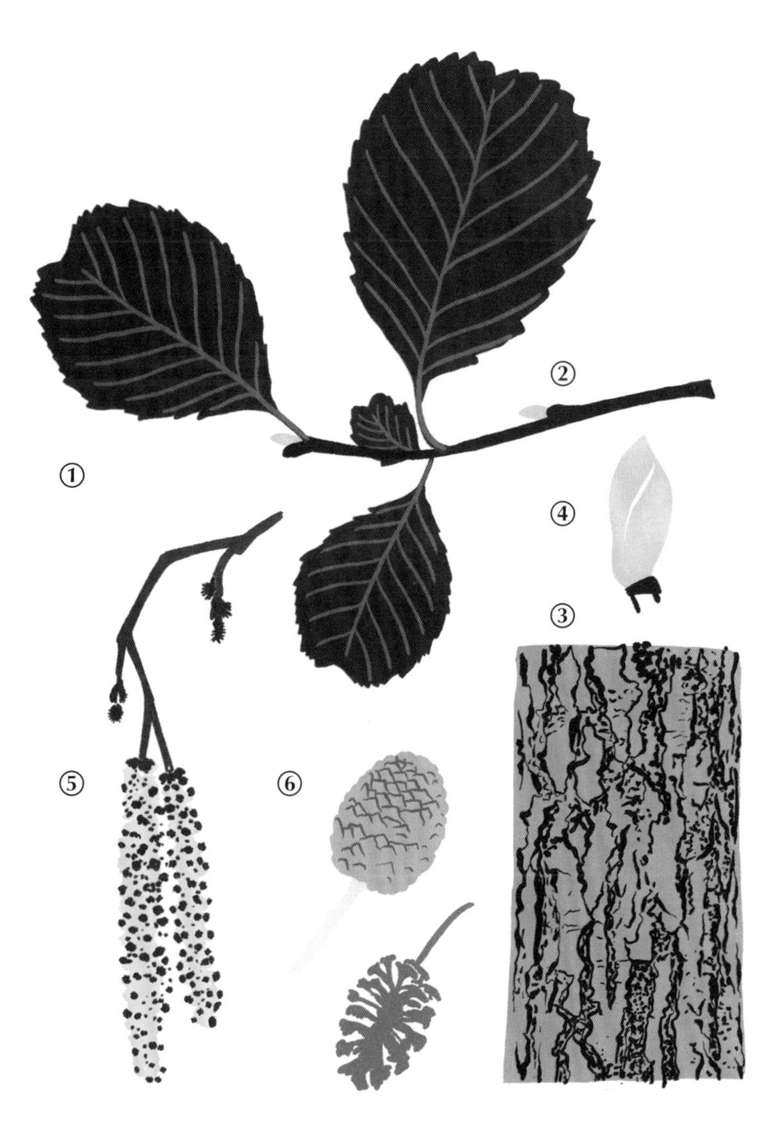

空中之王
欧洲桤木的瘦果成熟之后，其上的鳞片会展开，使它随风飘走。瘦果备有充满空气的翅翼，能在空中飘荡将近一个月。这就是欧洲桤木分布如此广泛的原因。

Corylus avellana

欧　榛

欧榛的名称来源于意大利一个名叫阿韦利诺的小城市。自古希腊、古罗马时期以来，阿韦利诺一直以品种优良的榛子而闻名。如今，从一方面来讲，榛树广为人知，但从另一个方面来说，榛树又鲜为人知：它在乡间田野十分常见，却又时常被人忽视。

属：榛属

科：桦木科

目：壳斗目

该属下含种数：大约 15 种

何处寻？

从西欧到喜马拉雅山麓，欧榛能生长在任何地方。它喜欢带些黏性的深层土。对钙质土壤的耐受性高。且耐霜冻、耐旱、耐城市污染。

平均寿命	生长速度	外形特征
约 50 年。	快。	欧榛是一种灌木，它可以大量地生长在贫瘠的土壤或林下灌木丛中；欧榛的茎笔直、光滑而柔软，总是丛生为荆棘状。

① 叶

叶缘双层锯齿，叶片和叶柄都覆有茸毛；叶形饱满，近圆形；某些特殊品种的榛树叶片为紫红色。

② 枝

棕绿色，十分柔软，枝条表面会随时间流逝呈片状剥落。常被用于编织藤条筐，或砍为短棍状制成篱笆。

③ 树皮和木材

树皮灰色，有时带有黑色条纹；无论是用于细木工活还是用于大型建筑工程，欧榛的木材都不太合格。

④ 芽

小球形，光滑，浅褐色而趋于绿色。

⑤ 花

长、柔嫩而下垂的黄色雄花序三三两两。雌花序则不太显眼，除了突出的紫色小柱头外，与花芽结成一体。

⑥ 果实

榛子是一种瘦果，里面有一颗较大的种子，底部围了一圈领边样式的绿色结构。

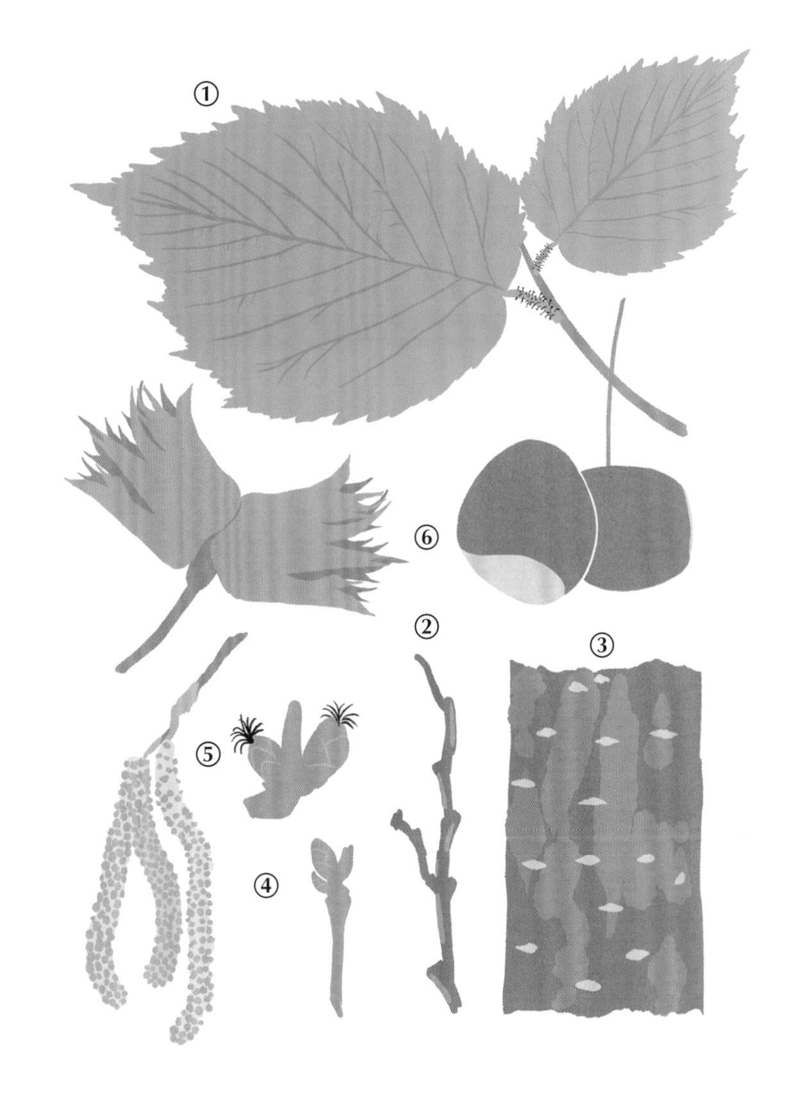

与松露难舍难分

松露种植者对榛树十分感兴趣，因为榛树能与松露形成共生关系。种植带有菌根的植物能够促进松露生长。而榛树是唯一有此作用的果树。但需要注意的是，榛树也能引来各种啮齿类动物。

Crataegus monogyna

单柱山楂

单柱山楂是山楂的一种。它时常与好运联系在一起。自古希腊、古罗马时期以来，山楂都被视作命运的庇佑者，古罗马人将它的枝条挂在新生儿的摇篮上，如此可以避免厄运的侵袭。

属：山楂属

科：蔷薇科

目：蔷薇目

该属下含种数：超过 600 种

何处寻？

这种具有较强适应性的树木一般生长在绿篱、林缘和路边，它能耐受高温、强风和各种性质的土壤。对物理划伤好像不太敏感。

平均寿命

500 年。

生长速度

慢。

外形特征

枝条硬直，多结节。单柱山楂长得矮（从来都没有高于 15 米以上的），看起来就像是传统故事中的小矮人。

① 叶

互生，5 裂，有常绿托叶，叶片正面蓝绿色，背面深绿色，无光泽。

② 枝

红棕色，或棕绿色，带有很多长而尖锐的刺。

③ 树皮和木材

灰色树皮会片状剥落，留下赭石色的瘢痕；木材坚硬，泛红色，但是由于山楂的枝干很小，人们一般不会利用它。

④ 芽

嫩绿色，小球状。

⑤ 花

花为白色，有香气，簇生，十分美丽，雄蕊红色。

⑥ 果实

山楂果为红色，有核。

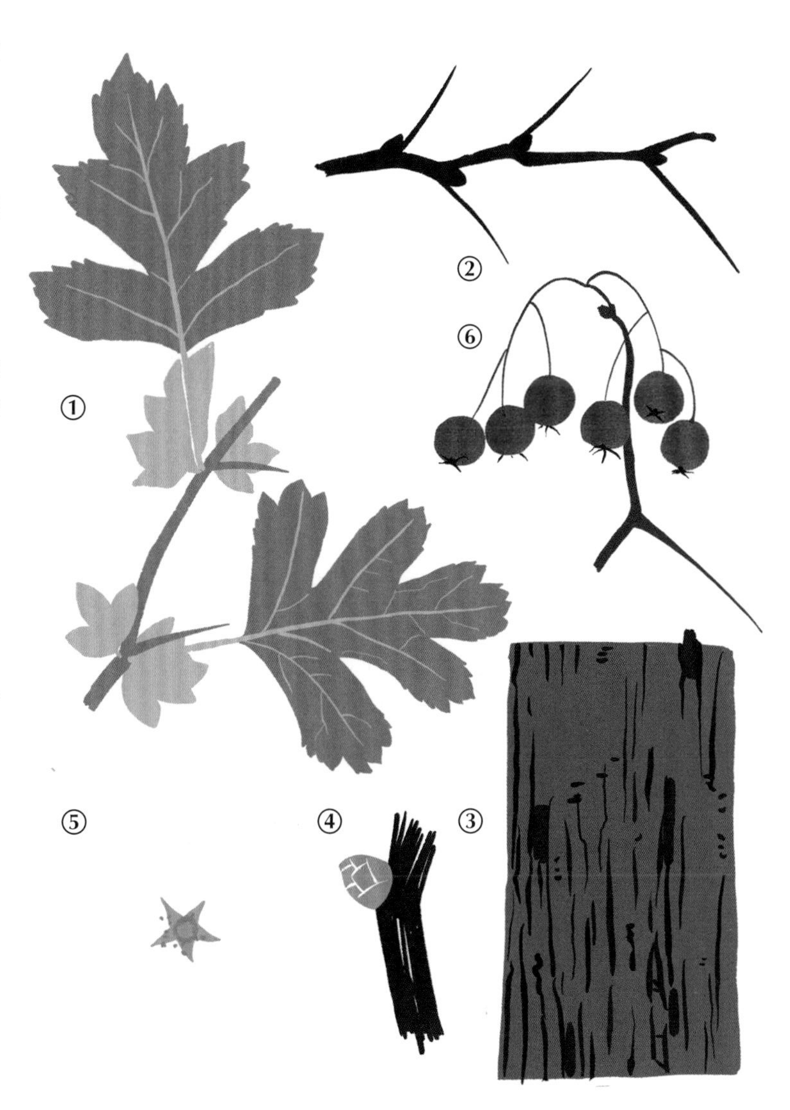

山楂的力量

自中世纪以来，天主教会对山楂枝寄寓了特殊的信仰。在诺曼底，这种小树被认为能够驱散闪电，而勃艮第地区的母亲们则会将开花的山楂枝条放在其生病孩子的旁边，希望孩子奇迹般地痊愈。

Ilex aquifolium

枸骨叶冬青

尽管自古希腊、古罗马时期以来，冬青枝都是节日庆典的代名词，但冬青的法语单词（houx）却是 houspiller（责骂，斥责）的词源。冬青是永恒长久的象征，曾被古罗马人和古日耳曼部落歌颂。而如今，特别是在英国，人们将冬青作为圣诞节前夜的装饰。

属：冬青属

科：冬青科

目：卫茅目

该属下含种数：大约 300 种

何处寻？

枸骨叶冬青生长在森林中，或是橡树、鹅耳枥和桦树下的灌木丛里。它喜爱凉爽湿润、酸性或中性的土壤。在阿尔卑斯山脉，冬青甚至能在超过 1800 米的海拔高度生长。需要注意的是，在其生长初期，冬青对霜冻十分敏感。

平均寿命	生长速度	外形特征
200 年。	慢（10 年长 6 米）。	这是一种很有特色的树木，即便在冬季叶片也为绿色。冬青呈锥形，带有很多呈瀑布状下垂的枝条。

① 叶

常绿，有光泽，多刺；深绿色，完全无茸毛，厚且革质；老树的叶片有时无刺。

② 枝

光滑，绿色。

③ 树皮和木材

树皮最初为绿色，光滑，后来带上一层银光闪闪的浅褐色。随着树木的衰老，树皮上会出现圆形树瘤；木材基本为白色，中心带棕褐色；有时人们会将冬青木用于高级木器制造业。

④ 芽

小，卵圆形或球形，饱满，浅褐色，有着毛茸茸的鳞片。

⑤ 花

单性花；只需记住 3 个 4：4 个雄蕊、4 片各自分离的白色花瓣、4 片底部连接的萼片。

⑥ 果实

深红色的圆形浆果；需要注意的是，冬青果实的毒性非常强！

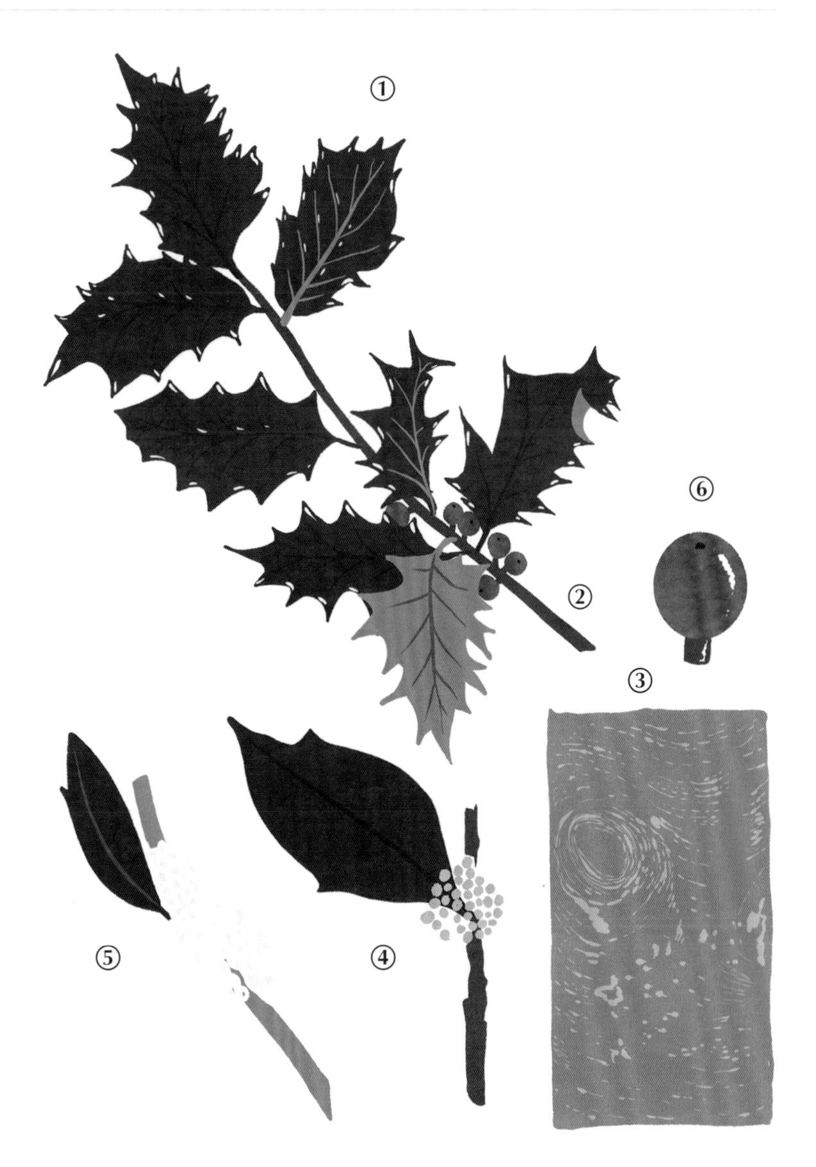

比茶和咖啡都好

虽说枸骨叶冬青的果实毒性极强，其近亲南美冬青的树叶却含有咖啡因，能用以制作一种知名的拉丁美洲茶饮：马黛茶。

Juniperus communis

欧洲刺柏

我们可以很容易地在各类球果植物中辨认出刺柏：刺柏有着浆果般的果实（事实上只是有着肉质鳞片的球果罢了）。而且刺柏和别的球果植物的生长要求也不一样：它需要接受大量的阳光照射，十分适应钙质、干旱和多石的土壤。

属：刺柏属

科：柏科

目：松柏目

该属下含种数：大约 50 种

何处寻？

虽说刺柏绝不能忍受在水中生根，它仍可以在除此之外的各处发芽：它耐受各种性质的土壤，甚至可以在荫蔽处生长。刺柏可以在 1600 米的海拔高度和土壤极端贫瘠的地区生存。

平均寿命
活得最久的刺柏可以长到 1000 岁。

生长速度
慢。

外形特征
最常见的呈荆棘状，但仍能高达 12 米；这是一种较小的树木，树冠呈刷状或球形。

❶ 针叶
3 叶轮生，3 年内常绿，之后脱落；扁平，带刺且坚硬；它们几乎垂直于树枝生长，其特征是正面的白色条带，并且叶面略微凹陷。

② 枝
红棕色，有香气；人们常在医院中点燃刺柏的枝条以阻断鼠疫或天花之类的传染病的传播。

③ 树皮和木材
树皮纤维质，有茸毛，棕褐色，泛红；木材为棕黄褐色，坚硬，质地均一，有香气。

④ 芽
虽小，但很易于识别，有鳞片；刺柏芽被广泛用作草药，可作为肝细胞再生剂、解毒剂、肾脏保护剂和消炎药使用。

⑤ 花
雄株有小小的圆形橘黄色球果；雌株球果在生长初期有着 3 片近绿色的鳞片。

❻ 球果
拥有浆果似的外观（人们也将它称作刺柏果），较小，球形，有肉质鳞片，在第二年秋季成熟；刺柏果实可用作调味品。

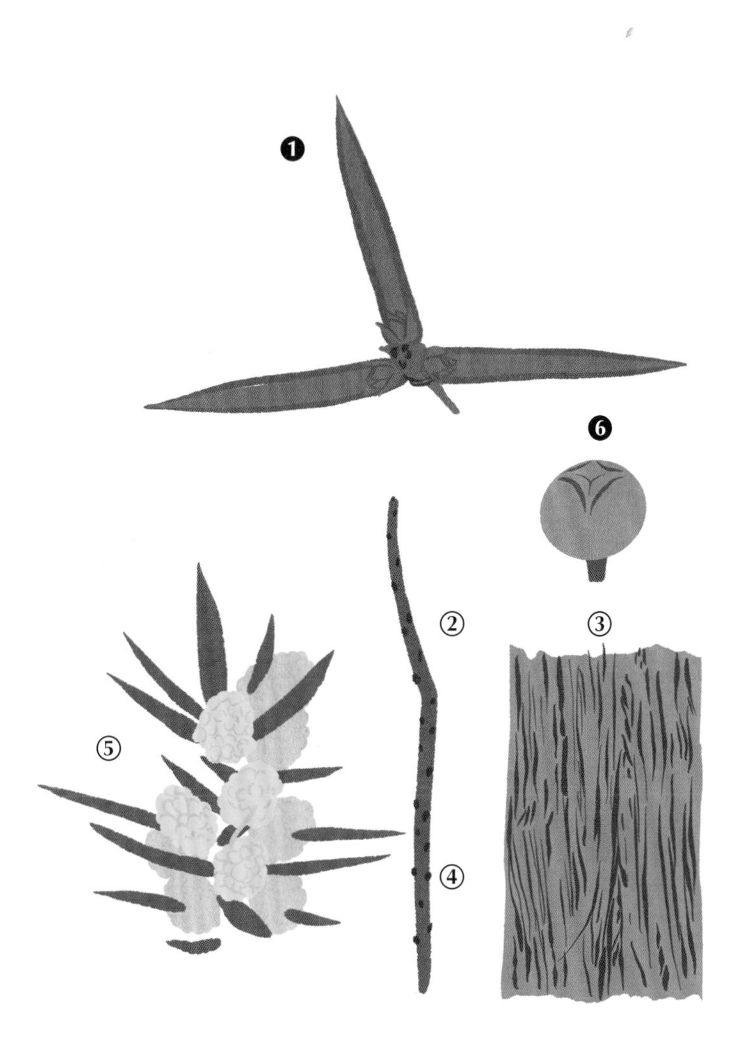

受到高度重视的刺柏果

自远古时期以来，刺柏果就被用于调制菜肴和酒：杜松子酒[3]、阿夸维特烈烧酒[4]和比利时刺柏酒里就有这种成分，而腌酸菜、醋渍鱼和各类高汤中也常见刺柏果的身影。由这种果实酿制的酒就是刺柏酒。

Malus sylvestris

森林苹果

苹果树绝对是人类最先痴迷的树木之一。我们也就因此几乎无法追溯它的前世今生。但是，苹果果实的演化过程同狼驯化为约克郡长毛犬的过程一样，其中大有门道。它从一个又小又酸又涩的果实，变成了如今的苹果，为婴儿的甜果泥和爸爸们的苹果烧酒提供了原料。

属：苹果属

科：蔷薇科

目：蔷薇目

该属下含种数：大约 30 种

何处寻？

它喜欢潮湿的阔叶树森林或橡树林，对绿篱矮林也很钟情。它偏好黏土质的、富含腐殖质和钙质的土壤。它可以在 1100 米以下的海拔高度生长。

平均寿命	生长速度	外形特征
大约 100 年，有时又远远不止于此。	相对较慢。	这种灌木丛的高度很少超过 10 米。树冠的底部不规则而干枯，能够伸展得很开阔。

① 叶

森林苹果的树叶为卵圆形，叶缘带有三角形的细锯齿，几乎光滑，但有时在叶片正面会有细微的茸毛，叶尖短小。

② 枝

绿色或棕色，但一直很有光泽，短枝条顶端会变成尖刺。

③ 树皮和木材

灰棕色，会剥落为大块的鳞片；木材浅红色，中心为较深的牛血红色，又重又坚硬。

④ 芽

顶端有毛，棕色，圆形。

⑤ 花

有 5 片大型的白色花瓣，带有粉色甚至是胭脂红色的斑点，雄蕊为黄色；香气十分迷人，花朵于短枝顶端簇生为伞房花序。

❻ **果实**

为小小的黄色苹果（直径最大 4 厘米），味道极酸。

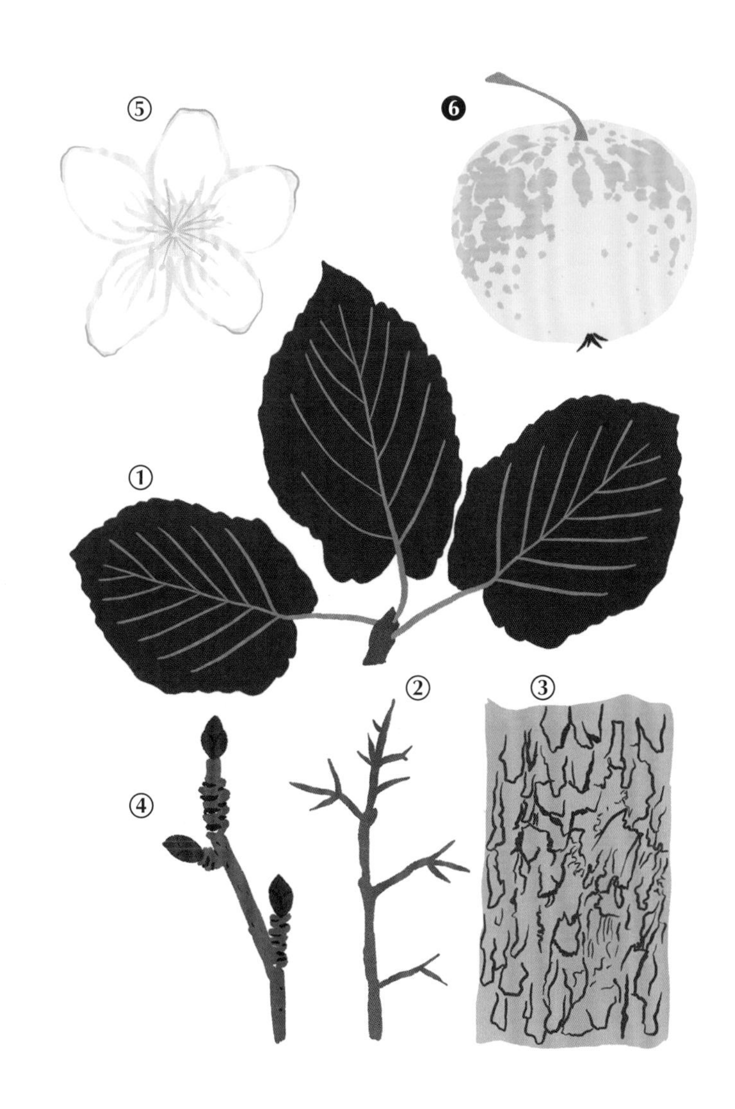

并非“路人果”

虽说苹果的拉丁词源 pomum 在古希腊、古罗马时期可以指所有种类的水果，但如今苹果（pomme）一词已经专指一种水果。它是甜点、菜肴乃至童话故事的最佳搭档。谁不知道《白雪公主》里面那个著名的红苹果呢？

Picea breweriana

布鲁尔氏云杉

不用说，这肯定是各类云杉中最美的那种。因为有着下垂的枝条和带渐变绿色的绝美松针，布鲁尔氏云杉一般用以装扮公园和花园。

属：云杉属

科：松科

目：松柏目

该属下含种数：大约 50 种

何处寻？

在北美洲西海岸的山谷和峡谷中常能看见垂枝云杉的身影。它可以在 3000 米以下的海拔高度生长，喜爱湿润、肥沃、渗水性强的土壤。但它对环境污染敏感。

平均寿命
100 年。

生长速度
非常慢。

外形特征
低矮，但又呈锥形，我们可以凭借下垂的枝条很容易地辨认出布鲁尔氏云杉，密密麻麻的叶片好似形成了一块帘幕，压得枝条直不起腰。

① 针叶
绕枝条呈放射状排列，扁平，叶片背面为深绿色，正面为银白色（在刮风时会很漂亮）。

② 枝
有细密的茸毛，橘红色，泛粉红色。

③ 树皮和木材
树皮深红色，剥落为大型的圆形鳞片。

④ 球果
最初是紫红色，后来转为红色，狭长纤细，常弯曲；大约长 10 厘米。

芽
锥形，褐色。

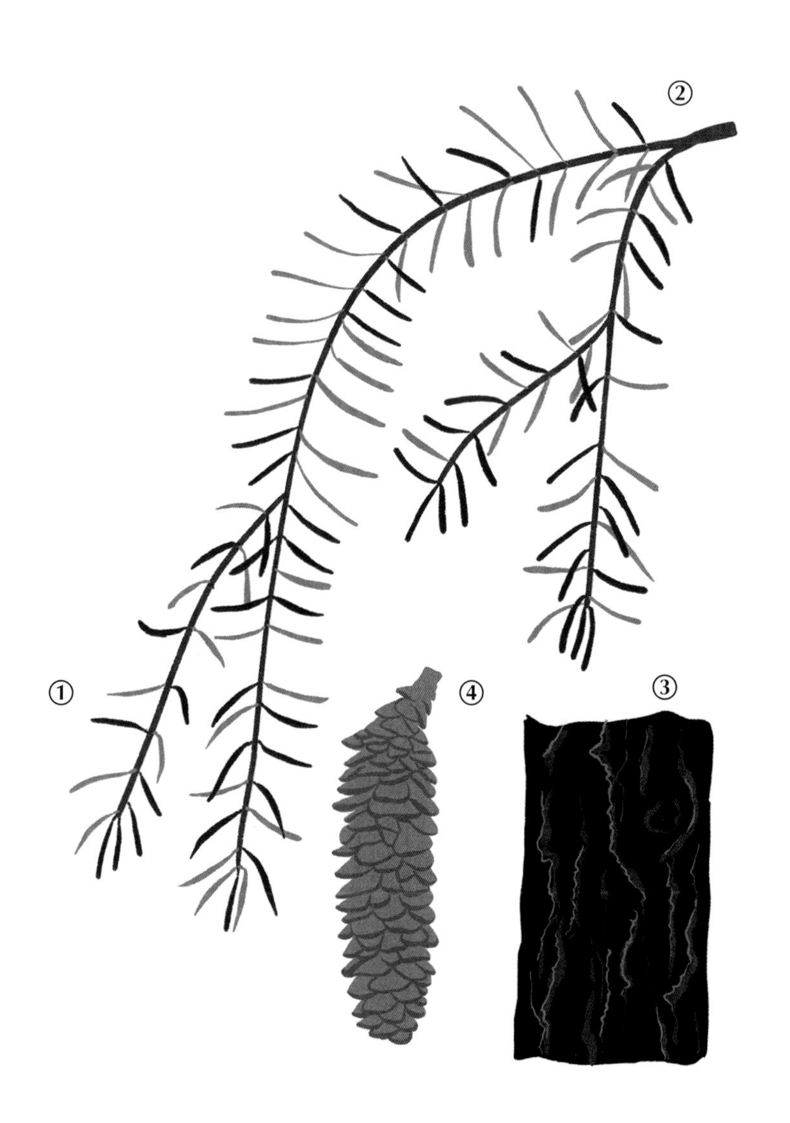

虽曲不折

为了与花旗松竞争阳光，布鲁尔氏云杉主要生长在山脊。它枝条倒垂的外形是一个绝大的优势，因为它能顺雪的压力弯曲以防折断，从而耐受强降雪。

Picea pungens

蓝粉云杉或称科罗拉多云杉

拉丁词 pungens 是法语中 piquant（有刺的）的词源。蓝粉云杉有这个名字首先是因为它有着锋利扎人的针叶，其次，这个名字也让人想起它在公园中遗世独立、庄严肃穆的形象。

属：云杉属

科：松科

目：松柏目

该属下含种数：大约 50 种

何处寻？

美国西部多石的山脉是蓝粉云杉的家乡。它可以在 3300 米以下的海拔高度生长。除了太过长期的干旱，它什么都不怕。当然，它还需要充足的阳光照射。

平均寿命

80 年。

生长速度

非常慢。

外形特征

锥形或柱形，枝叶繁茂；这是一种装饰性树种。

① 针叶

非常锋利；蓝绿色，甚至是银白色，略微向内弯曲；3 厘米到 4 厘米长。

② 枝

有光泽，无茸毛，浅褐色。

③ 树皮和木材

树皮为深紫红色，纵向开裂明显；木材浅橙色，轻而柔软。

④ 芽

卵圆形，顶端尖，可以长到 9 毫米长。

⑤ 球果

柱形，有纤薄的鳞片，浅红棕色；大约 10 厘米长。

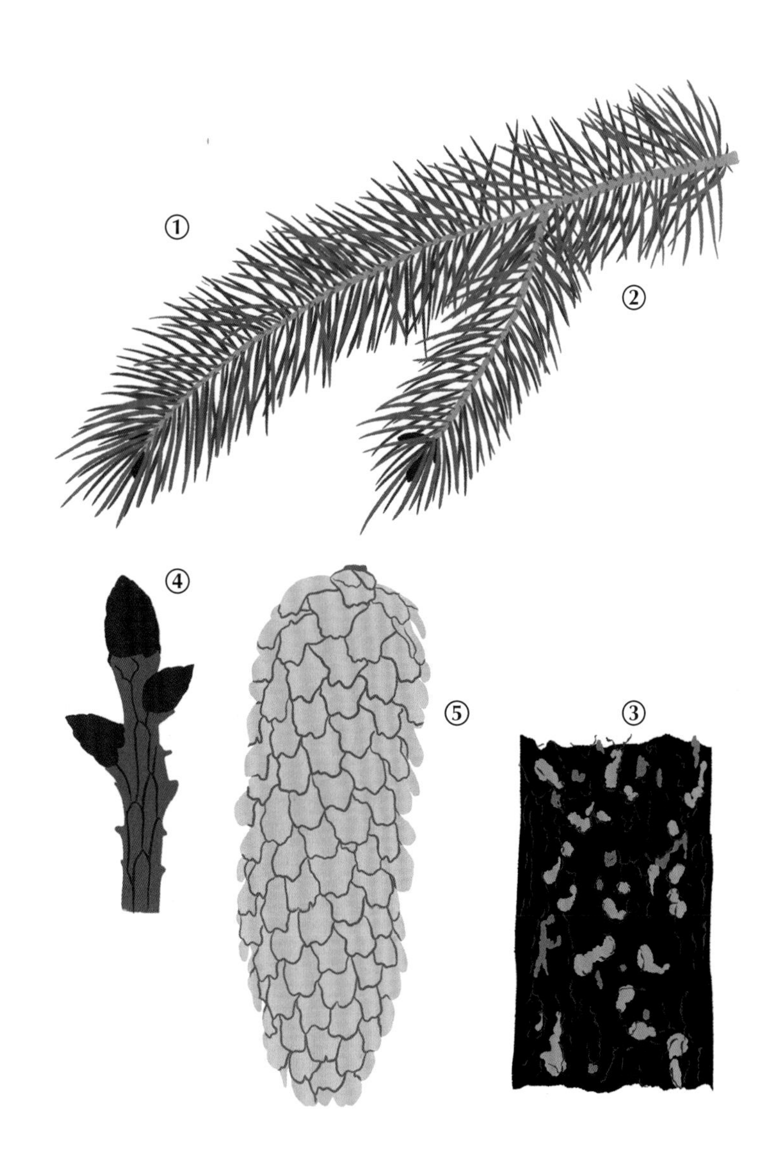

蓝色冷杉没那么蓝

蓝粉云杉是一种十分受重视的装饰性树种。人们错误地将它称为“蓝色冷杉”，是因为在春天时，它柔嫩的针叶会披上一层近乎天蓝色的外衣。真正的蓝冷杉其实和它没有任何相似之处。

Pinus bungeana

白皮松或称拿破仑松

白皮松来自中国，在寺庙或其他宗教场所的附近常可以看到它的身影。白皮松的美丽不加矫饰，用于装饰花园时也就有了独一无二的效果。

属：松属

科：松科

目：松柏目

该属下含种数：超过 80 种

何处寻？

白皮松原产于中国西北地区，这种具有较强适应性的树木既能耐受高温，也能耐受严寒。它在阳光照射下尽情生长，过于湿润的土壤环境也不会使其受到伤害。

平均寿命	生长速度	外形特征
几百年。	慢（20 年长 7 米）。	大致上呈荆棘状，但它可以长到 30 米的高度；枝条朝天空保持直立。

① 针叶

3 针一束，长度中等（可达 8 厘米），光滑，坚硬，扁平；鲜绿色。

② 枝

纤细，近绿色。

❸ 树皮和木材

树皮长得很有特色，极具装饰性，会逐渐剥落，露出黄色、红棕色、紫红色、绿色甚至是蓝色的小斑点；看起来像一件迷彩服。

④ 芽

几近位于顶生叶的基部，带有红棕色向外翻的鳞片。

⑤ 花

雌花序生于枝条顶端，且一个枝条的顶端仅有一个绿色的穗状花序；雄花序与雌花序相较呈球状，黄色。

⑥ 球果

小小的卵圆形球果。

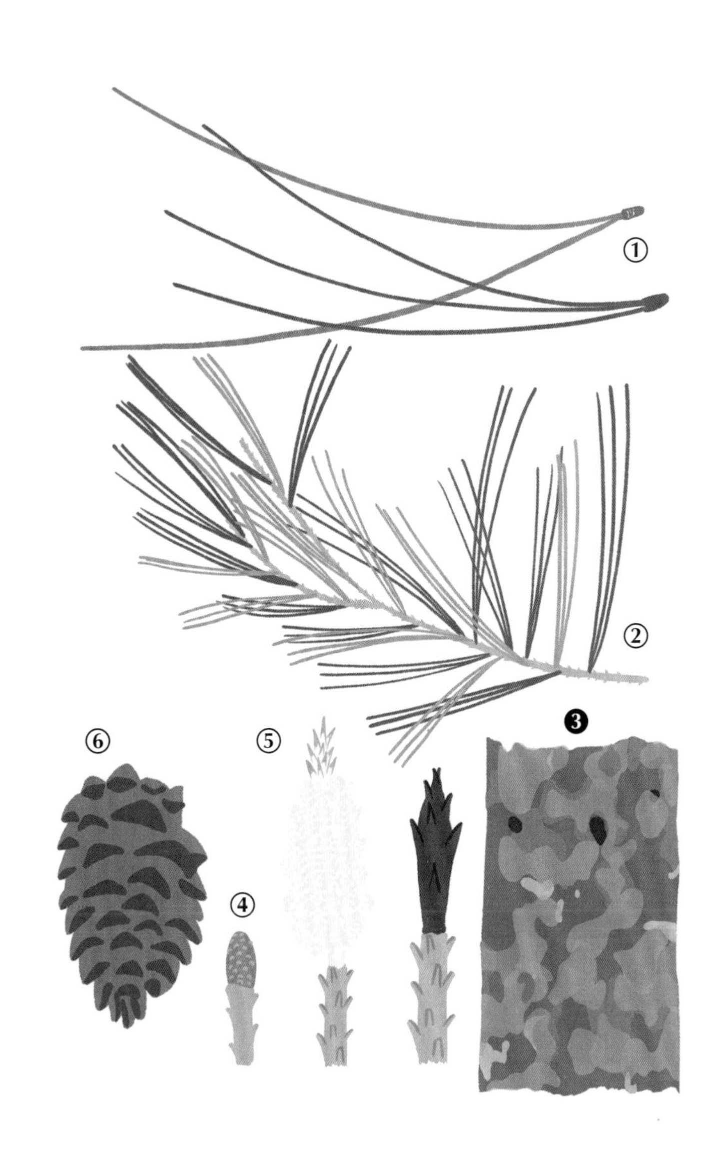

白皮松：被埋没的美丽

植物学家亚历山大·冯·邦奇（Alexander von Bunge）于 1831 年在中国发现了白皮松，几年后它被引种到欧洲。然而，这种美丽的树木在它家乡之外的地区遭受了出人意料的冷遇。再者，若有人知道这种树为何被取名叫作“拿破仑松”，请不要犹豫，赶快来信告知我们！

Pirus communis

西洋梨

和大部分植物索引所用的 pyrus 相反，这里应该使用的是 pirus。Pirus 在词源上来自古希腊语词根 pis（梨的法语单词也正是来源于由这个词根组成的古希腊语单词），而不是来自表示“火”的 pyrus。这个问题很能反映出梨相对模糊的历史根源。但这毫不影响它如今已经有了将近 1000 种栽培品种的事实。

属：梨属

科：蔷薇科

目：蔷薇目

该属下含种数：大约 30 种

何处寻？

西洋梨适应性强，外形刚硬，除了晚春霜冻之外，它什么都不怕。污染、干旱、土壤潮湿，它全都能适应。

平均寿命

300 年或更长。

生长速度

相当缓慢。

外形特征

锥形，细长，枝条朝上生长，树干看上去比较纤弱。

① 叶

叶片卷曲，正面有光泽，有和叶片一样长的叶柄；长方形，略带三角形（3 厘米到 8 厘米）。

② 枝

幼嫩时多刺，亮棕色，有时覆盖了一层薄薄的茸毛。

③ 树皮和木材

树皮为灰黑色，有较深的裂纹；西洋梨的木材可谓是木材之王，质地均一，暗玫瑰色，有一种非常美丽的光泽；常用于制作高级木器或雕塑。

④ 芽

棕色，顶端尖。

⑤ 花

带有 5 片白色花瓣和紫红色雄蕊。

❻ 果实

梨形：就是梨的形状。

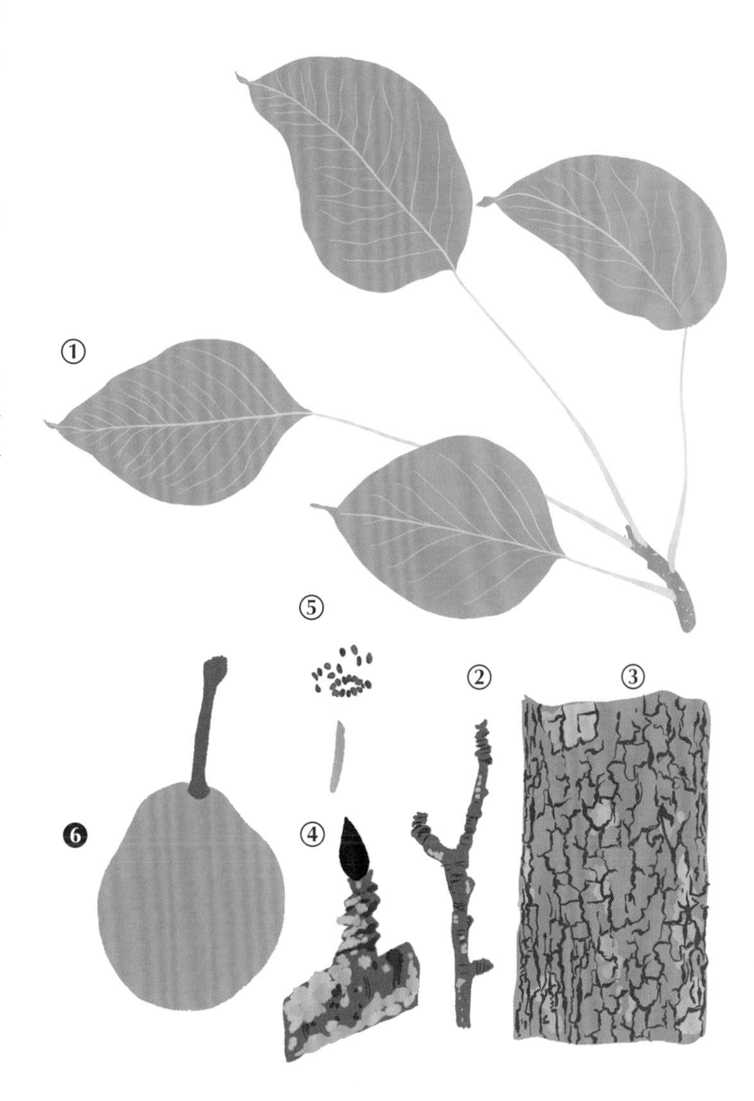

红蜡中埋藏的小聪明

我们可以注意到，一些在市场上卖的梨的果柄上打有红蜡。当梨柄遭到损坏，梨就会失水干枯。而蜡质可以防止该不幸的发生，也就因此能够延长梨的保鲜期，让它可以存放好几个月。

Prunus amygdalus

甜扁桃

扁桃树是爱情或忠贞的象征。因此在这个意义上，先叶盛开的白色花朵就像一层婚纱般覆盖了所有的枝条。该属的所有树种都有着围绕唯一雌蕊而生的 5 片花瓣，它的果实是一种单果，其内是一个通常仅含一颗种子的果核。

属：李属[5]

科：蔷薇科

目：蔷薇目

该属下含种数：超过 400 种

何处寻？

甜扁桃原产波斯，并逐渐征服了小亚细亚和意大利。阿拉伯人将它种植到北非，时至今日那儿的甜扁桃还生长得很繁茂。它喜爱钙质、干旱而深厚的土壤，不适应寒冷环境。

平均寿命	生长速度	外形特征
100 年。	相对较慢。	这种小小的野生树木树形外扩，呈圆形，有时带刺。

① 叶

长方形，在短枝上成簇生长；带细齿，有光泽，长 7 到 12 厘米。

② 枝

紫红色，泛橘红色，初生时有茸毛，但很快茸毛脱落。

③ 树皮和木材

树皮有裂纹，铁灰色；边材白色，较薄；十分坚硬。

④ 芽

略带茸毛。

⑤ 花

先叶开花，花为白色或粉红色，带有 5 片基部分离且相互错开的花瓣。

❻ 果实

扁桃是核果，我们食用的正是它的果核，而肉质部分则被丢弃。扁桃仁丰富的营养价值无可比拟；由于扁桃仁的蛋白质含量很高（和肉的蛋白含量相同），钙含量也很高，因此在蛋奶素食主义者和纯素食主义者中都很受欢迎。扁桃仁还含有 50%的脂质。

皮埃尔 · 勃纳尔的扁桃树

法国画家皮埃尔·勃纳尔（Pierre Bonnard）最后一幅画作展现的就是一株开花的扁桃树。与印象派画家不同，这位画家并不外出写生。但幸运的是，这株扁桃树就生长在他勒卡内的住宅庭院中。1947 年，皮埃尔·勃纳尔在自家的窗边完成了《鲜花盛开的扁桃树》。

Prunus armeniaca

杏 树

正如狗是由狼驯化而成的，果树也有着同样的培育经历：樱桃、杏、扁桃、桃、李都拥有一个共同的起源，那就是李属植物。几千年来，果树栽培行业利用着蔷薇科植物的不同变种，开发培育了很多供人食用的水果，就比如樱桃、李和扁桃这几样各不相同的类型。

属：李属[6]

科：蔷薇科

目：蔷薇目

该属下含种数：超过 400 种

何处寻？

杏树和桃树一样，原产于蒙古以及中国的华北地区。借助穿行沙漠的商队，杏树传播到了全世界。它几乎能够耐受所有性质的土壤，除非过于湿润。杏树开花很早，因此害怕霜冻。种植时还需要注意防风。

平均寿命
50 年。

生长速度
相对较慢。

外形特征
树形圆，树枝弯弯曲曲，十分优美。

① 叶
叶片底部圆形，急尖（即叶尖突然变狭）；双层锯齿，鲜绿色，有光泽。

② 枝
红色，革质，较有光泽。

③ 树皮和木材
树皮为灰色，泛红，随年龄增长会逐渐有裂纹；木材易抛光，易打磨，一般用于高级木器制造业。

④ 芽
小球形，粉红色。

❺ 果实
果实为杏。果核中含有一颗杏仁。从很早开始，人们就用它来榨取一种液体：杏仁油。

花
两两成簇，与叶片相对而生；花期非常早，花为白色或粉红色，较小。

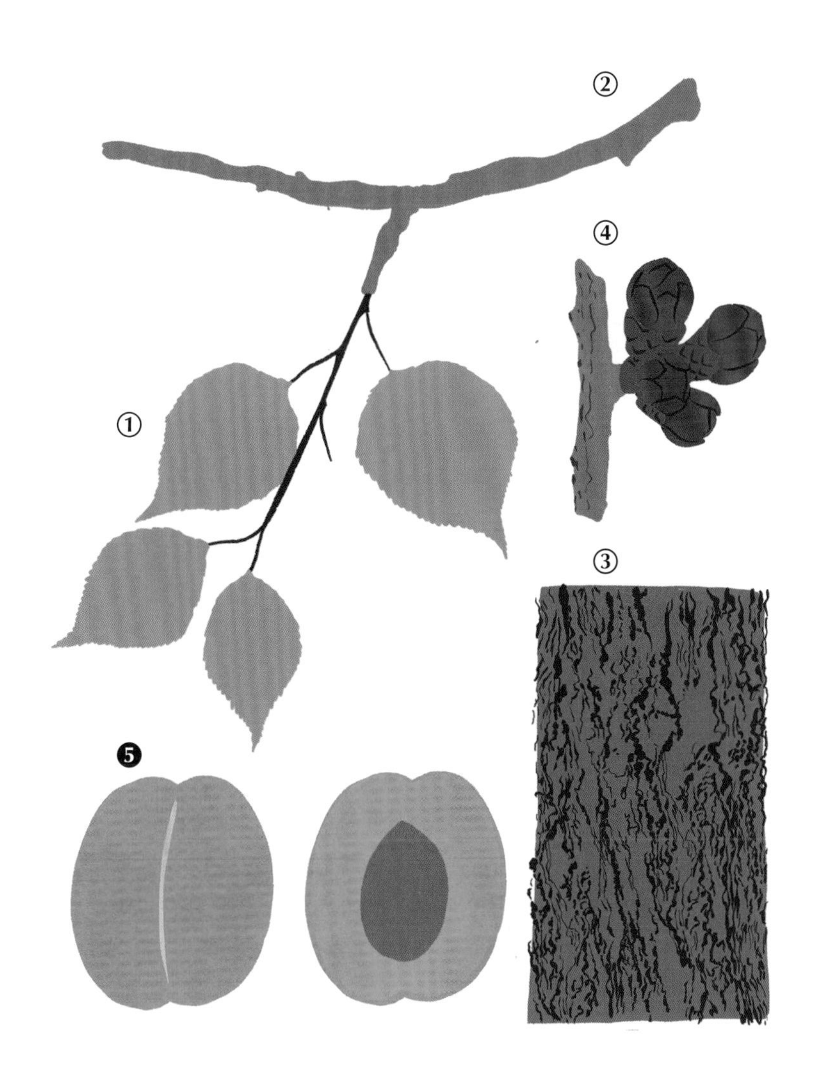

杏：神奇的力量
根据安达卢西亚地区的信仰，杏子有激发激情和唤起情欲的作用。对于男人来说，将杏树叶片藏在衣服底下的女子拥有无法抵挡的魅力。在民间俗语中，杏还有一大串暗含色情意味的含义。

Prunus avium

欧洲甜樱桃或称野樱桃树

樱桃的很多栽培品种都来自欧洲甜樱桃，譬如长柄黑樱桃、毕加罗甜樱桃（名字源于它橘红色带浅黄色的外表）。欧洲甜樱桃有着银白色的树干和柔软的叶片，也因此赢得了人们的喜爱。

属：李属[7]

科：蔷薇科

目：蔷薇目

该属下含种数：超过 400 种

何处寻？

欧洲甜樱桃能在 1700 米以下的海拔高度生长。在阔叶-针叶混交林中常可以看到它的身影。它喜爱钙质、黏土质、深厚而肥沃的土壤。

平均寿命	生长速度	外形特征
百来年。	快（20 年长 13 米到 15 米）。	欧洲甜樱桃树形优美，树干笔直，树冠细长，给人以轻盈而温柔的印象。

① 叶

叶片相当宽大（5 厘米到 15 厘米之间）；在叶柄与叶片基部相连的地方，有两三个小小的分泌腺，十分明显；披针形，互生，带有不规则的锯齿，在秋季之时会转变为一种优美的橘红色；欧洲甜樱桃的叶片时常会受到昆虫的侵袭。

② 枝

棕色，有光泽，无毛；覆盖着一层蜡质白霜。

❸ 树皮和木材

树皮为银灰色，有着青铜般的光泽，且横向有不规则分布的气孔，此为欧洲甜樱桃的独特之处；边材白色，略带粉红色，坚硬沉重；欧洲甜樱桃木材的光泽度受到了大家的喜爱，因此它尤为用于制作乐器。

④ 芽

长，红棕色，散布于整根枝条。

⑤ 花

像雪一样白，花柄长，萼片 5 裂，有很多顶端黄色的雄蕊。

⑥ 果实

樱桃小小的，橘红色，是鸟类和樱桃酒爱好者的赏味首选。

新石器时代、青铜时代与本书的诞生

在各个史前遗址的附近发现了很多樱桃核。人类的爱好未曾改变：樱桃树是我父亲最喜欢的树，也是我人生中种下的第一棵树。在某种程度上，我写下这本书是樱桃树的功劳。

Prunus domestica

欧洲李

欧洲李很有可能是野生黑刺李和原产于安那托利亚半岛、高加索地区的樱桃李的杂交后代。制作阿让李子干[8]用的就是这种欧洲李的果实。如今，它已有超过 400 种栽培品种，每个品种的李都各不相同。

属：李属

科：蔷薇科

目：蔷薇目

该属下含种数：超过 400 种

何处寻？

欧洲李一般生长在矮树篱中，或是林下灌木丛的边缘地带。它的栽培品种非常多，每种的特性差异又都很细微，因此，我们似乎很难准确地概括欧洲李的习性。不过知道一点就好：这是一种具有较强适应性的树木，很容易成活。

平均寿命	生长速度	外形特征
大约 30 年。	较快。	完全无刺；树冠低矮，树叶密集，一向长得都不高（最高 10 米）。

① 叶

卵圆形或披针形，有宿存的叶柄；边缘有不规则的锯齿；叶脉下可见微小的茸毛。

② 枝

紫红色，甚至是深酒红色，无毛。

③ 树皮和木材

树皮金灰褐色，带有较深的裂纹；木材红棕色，带有紫红色的纹理，坚硬沉重；一般用于高级木器制造和细木镶嵌工艺中。

④ 芽

长，顶端尖，每枝生 2 到 3 个芽；无顶芽。

⑤ 花

白色，但不是纯白，略带别的颜色，较小（最多 2 厘米），与叶一同出现。

❻ 果实

李为淡红色或紫色；肉质果光滑，易与果核分离。

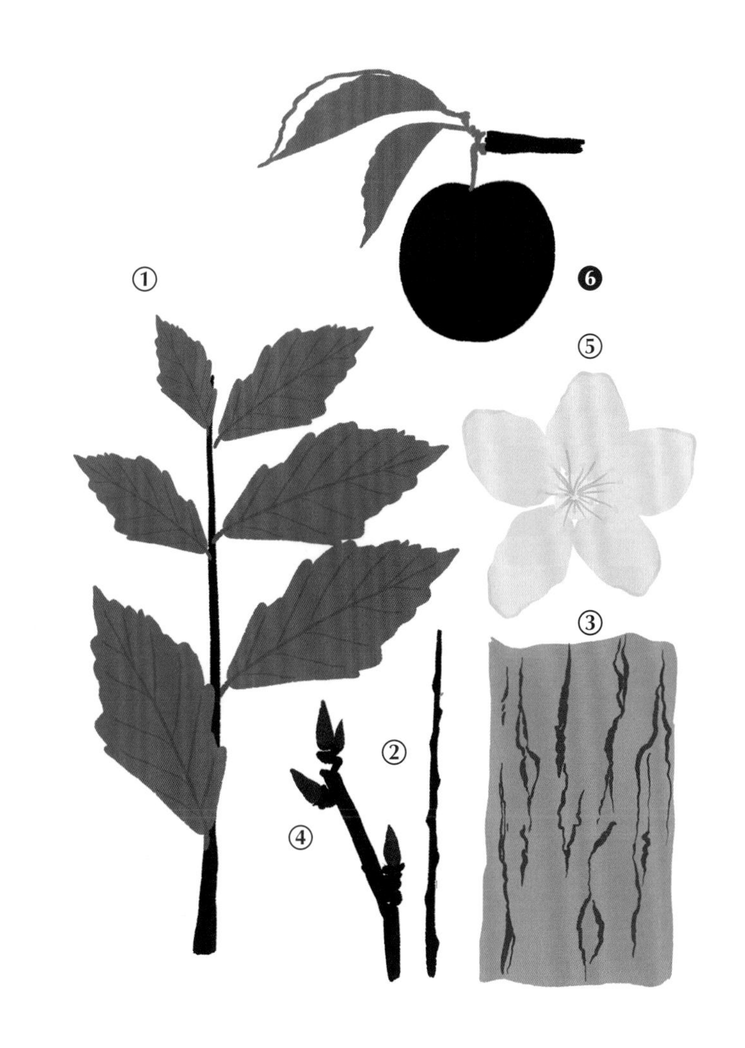

大马士革李

自几千年前以来，人们就和李树不可分割了。如果我们相信老普林尼[9]（Pline l'Ancien）的记述的话，叙利亚大马士革地区的李就曾受到古罗马人的喜爱。似乎是在十字军东征返回时，李才被首次带回并在欧洲亮相。

Prunus serrulata

日本樱花

最出名的日本樱花有四五十个栽培品种，最广为人知的就是下文要介绍的关山樱。日本人甚至会举办专门的赏樱节，在日语中称为“花見”，字面意思就是看花，只是特指欣赏日本樱花的美丽。在日语中，“桜（さくら）”既指樱花树也指樱花。

属：李属[10]

科：蔷薇科

目：蔷薇目

该属下含种数：超过 400 种

何处寻？

野生樱花树原产于朝鲜半岛、中国和日本。不同的栽培品种都很喜爱阳光照射，并需要在避风条件下生长；樱花喜欢沙质或黏土质的土壤，能耐受城市污染。因此，几乎在哪儿都能看到它的身影！

平均寿命

不同的品种寿命不同，短的 40 年，长的超过 100 年。

生长速度

不同的品种生长速度不同，有的快，有的稍慢；不过关山樱长得很快。

外形特征

树形开阔，树冠扁平。

① 叶

叶片卵圆形，相当宽大（6 厘米到 12 厘米长），叶柄短，有 2 到 4 个分泌腺，叶片成簇集中生长。

② 枝

棕色，无毛。

③ 树皮和木材

树皮灰色，有金属光泽，带有条纹状皮孔；木材黄色，中心为红棕色，相当沉重，为家具制造业所青睐。

④ 芽

细长。

⑤ 花

珠光白色，或浅粉红，三两成簇，生于带有长短不一的分枝的花柄上；23 或 28 片花瓣后来会转为粉红色，令人惊奇不已。

❻ 果实

果核和樱桃核是一个类型，果实大小和杏差不多，颜色很深。

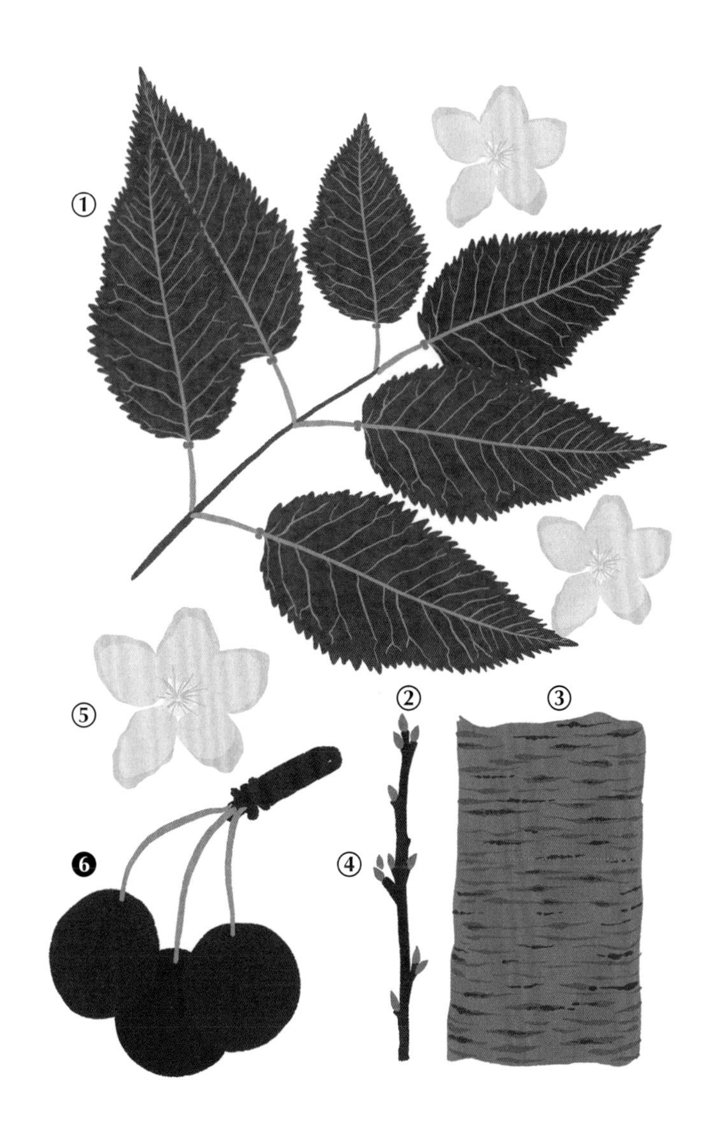

柔道，柔韧之道

你知道日本柔道是怎样被发明的吗？在 1882 年冬季的一天，嘉纳治五郎仔细观察着一棵樱花树。他注意到樱花树上粗壮硬直的枝条在雪的重压下折断了，而纤细柔韧的新枝却弯下身子让雪滑落。以柔克刚，柔道由此诞生。

日本樱花

在日本，樱花树在公园、花园中占据的地位非常特殊。樱花的品种很多，每种都拥有极其美丽的外形。

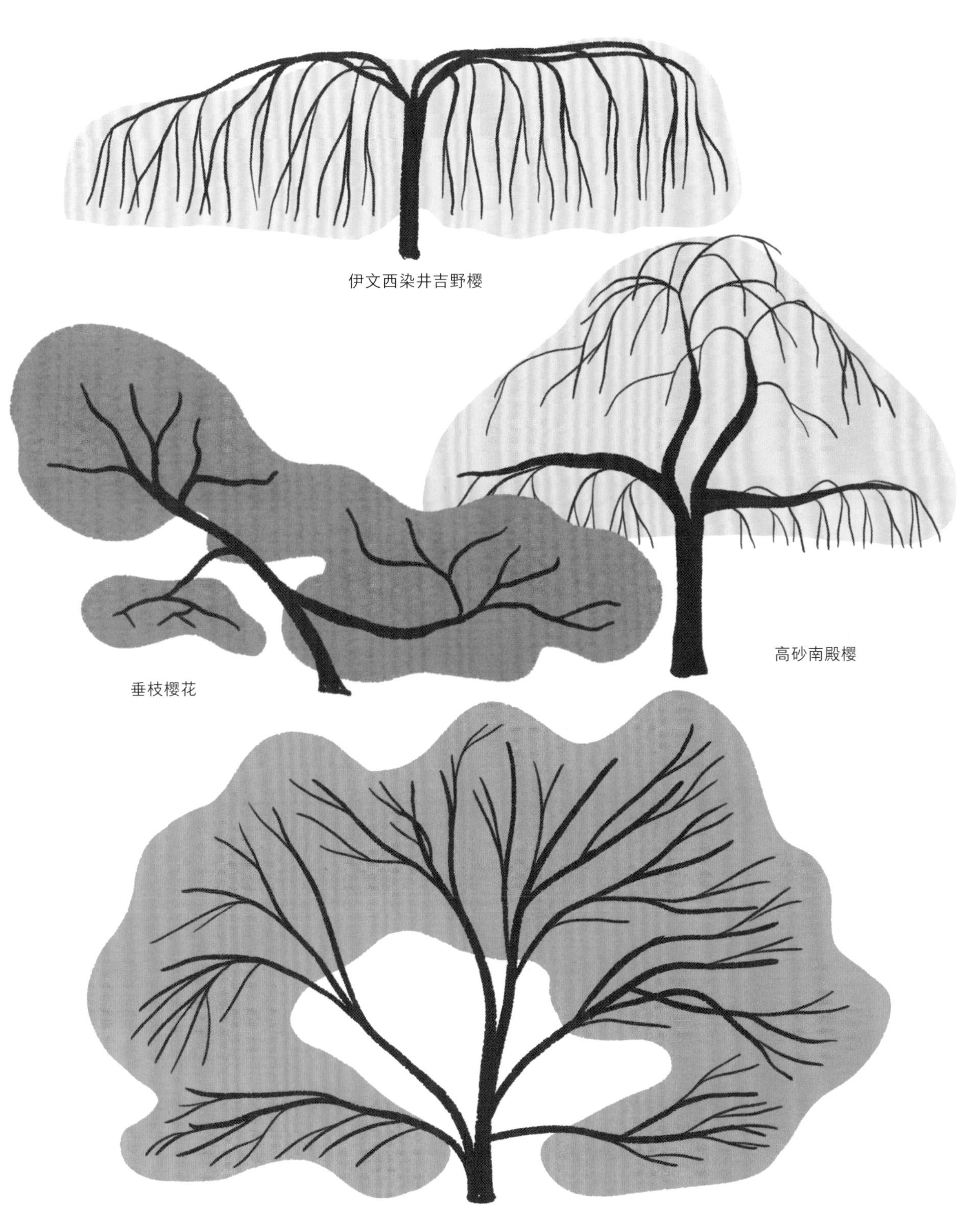
伊文西染井吉野樱
垂枝樱花
高砂南殿樱
矮樱

Quercus suber

西班牙栓皮栎

种植栓皮栎以制作软木塞的传统自古希腊时期便有了。栓皮栎的种植过程是对毅力与耐性的歌颂。剥掉树皮后的第二年，它的树干会呈现出一层典型的血红色。此后栓皮栎会逐渐形成新的树皮，但要等 10 年后才能再次采割。

属：栎属[11]

科：壳斗科

目：壳斗目

该属下含种数：大约 250 种

何处寻？

栓皮栎是地中海沿岸地区的典型树种。它树形不大，一般生长在葡萄牙、法国蓝色海岸地区、意大利或是非洲马格里布地区。栓皮栎以对贫瘠土壤的耐受性而闻名，喜阳、喜高温。但它不耐受钙质。

平均寿命	生长速度	外形特征
300 年。	相对较慢（特别是在生长初期）。	树冠低矮，叶常绿，树干弯曲而粗重；在栎树中属于比较矮壮的类型。

① **叶**

革质，深绿色；带有刺状浅裂。

② **枝**

初生枝条带有短茸毛，随时间流逝其表面越来越粗糙，树枝越来越柔软。

❸ **树皮和木材**

树皮有裂纹，可以用于制作厚厚的软木塞。每隔 7 到 10 年栓皮栎种植园中就会剥一次树皮；木材质密，非常坚硬。

④ **芽**

小，卵圆形，深紫红色，带有短短的茸毛。

⑤ **花**

下垂的雄花序位于前一年生长的枝条顶端，雌花序三两成簇生于今年的新枝条上。

⑥ **果实**

一般称为橡实，大，长方形，黑色，位于带有鳞片的壳斗之中。

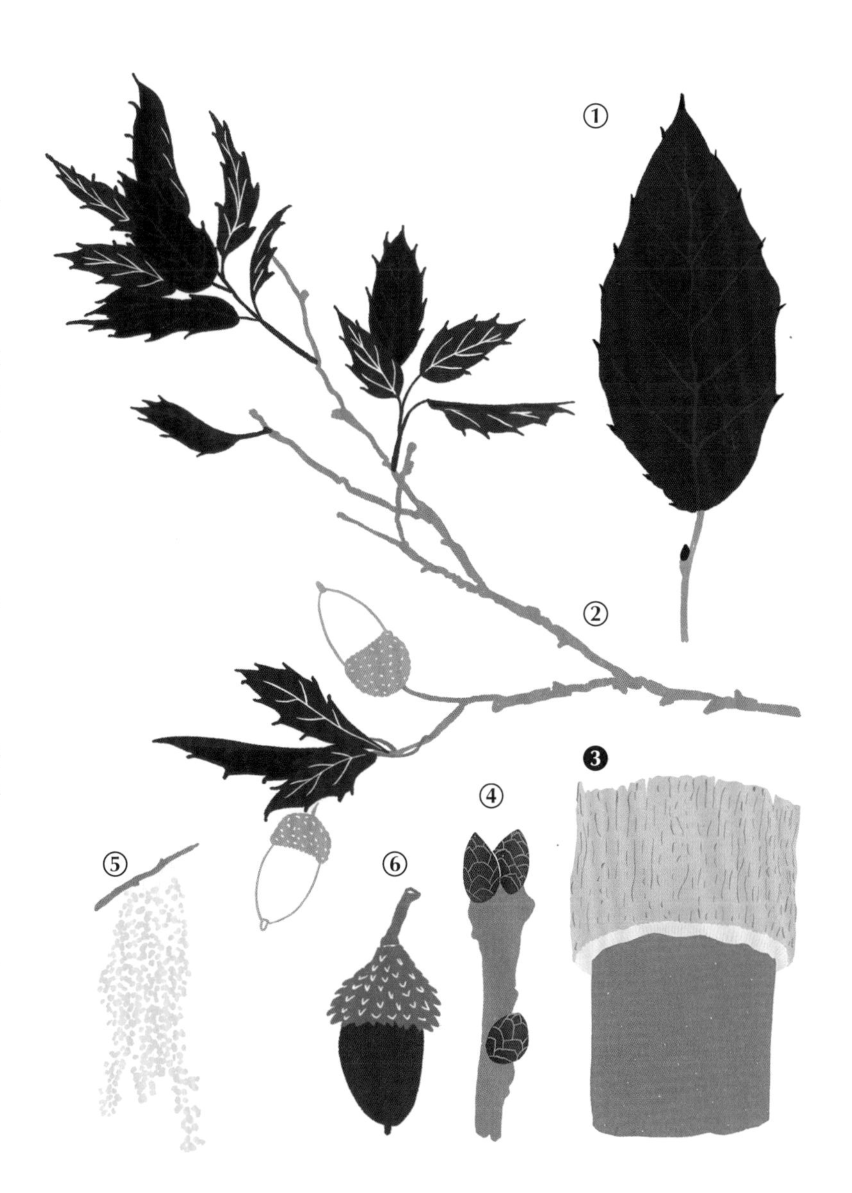

谈到软木塞，不得不再谈谈……

开瓶器！若要打开带有软木塞的瓶子，开瓶器是必不可少的，而塞缪尔·亨舍尔（Samuel Henshall）在 1795 年注册了第一个开瓶器的专利。它由英国人生产，最早是由伦敦市军火行会的成员设计构想出的。

Salix caprea

黄花柳

黄花柳是一种先锋树种，生长得十分迅速，它对于蜜蜂和天主教徒都有一种特殊的重要性。对于前者来说它是极为优良的蜜源植物，而对于后者来说，它的枝条被用于圣枝主日[12]的祝圣仪式，也被用于复活节的装饰。

属：柳属

科：杨柳科

目：杨柳目

该属下含种数：超过 300 种

何处寻？

黄花柳可以在欧洲的大部分地区、亚洲的东北和伊朗的北部生长。虽说喜高温，它也能轻而易举地适应别的气候条件。总体来说柳树更喜欢湿润的土壤，但黄花柳则偏好更为干旱的土壤。它的适应性强，能抵抗强风。

平均寿命

60 年。

生长速度

非常快。

外形特征

虽说黄花柳通常只以灌木的形式出现，它在森林中也能长到十多米高；黄花柳树形呈拱顶形，树枝弯曲成弧状，树冠不太规则。

① 叶

卵圆形，叶缘波浪状，大小不一；叶顶有急尖，自一侧弯向另一侧；背面有灰绿色的茸毛，叶脉明显。

② 枝

形状不规则，灰色、橘红色或者黄色（根据阳光照射程度不同而变化），较厚。

③ 树皮和木材

树皮最开始是灰绿色，之后会完全变黑，带有菱形的纹理；木材柔软，质轻，中心有一小块淡红色的区域。

④ 芽

窄小、卵圆形，其上覆盖有一枚黄色的鳞片。

⑤ 花

先叶开花；雄花序金黄色，其上布满了黄色的雄蕊；雌花序银白色，有绿色的雌蕊；很受蜜蜂的迷恋与追捧。

⑥ 果实

蒴果，两瓣开裂，内有很多带茸毛的种子。

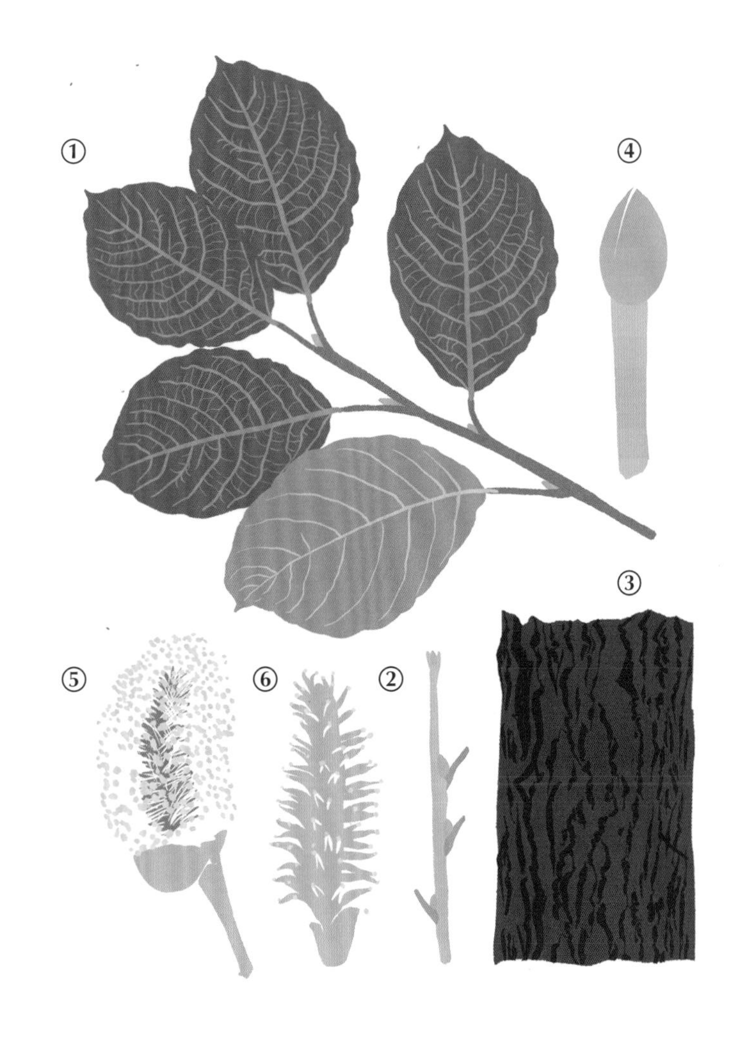

就像猫的小爪子一样柔软

首先要说的是，在德国与法国的阿尔萨斯地区，黄花柳的花枝和黄杨木一起被用于复活节期间的住宅装饰。另外，它的种子包含在两瓣裂的蒴果中，覆盖有茸毛，摸上去很软。黄花柳也因此在德语中称为“Katzenpfötchen”[13]，意即猫的小爪子。

Acer campestre

栓皮槭

在古希腊、古罗马时期，槭木被用于制作长矛。它在拉丁语中的意思为“尖锐的”。栓皮槭既是功用最为多样的树种之一，也是长势最为旺盛的装饰树种之一。它的枝条可以经得住各种修剪，能很好地融入整个绿篱之中。

属：槭属[14]

科：槭树科

目：无患子目

该属下含种数：大约 115 种

何处寻？

槭树适应性很强，耐受强风、干旱和城市污染，即使它偏爱钙质土，也能够适应所有类型的土壤。只有长期潮湿的积水环境是栓皮槭所不能忍受的。

平均寿命	生长速度	外形特征
150 年。	快（20 年长 9 米）。	树形小（平均高 10 米），荆棘状，它是绿篱和矮林中的树木之王；枝条密集，树冠呈圆形，栓皮槭对生长条件的要求完全不高，在所有类型的土壤中都能生长。

① **叶**

叶片小（大约 10 厘米宽），夏天深绿色，秋天时转为黄色，泛红色，有 3 到 5 片圆形深裂。

② **枝**

栓皮槭的特征之一就是它的枝条上会有棕褐色的突起。

③ **树皮和木材**

树皮略柔软，浅米棕色，带有立方体状的突起；木材草黄色，质地均一，细密沉重，常用于工具柄或农具的制作。

④ **芽**

小，棕褐色，含有乳胶，边缘带有几根白色茸毛。

⑤ **花**

后叶开花，成簇生长，形成一小束一小束的伞房花序。

⑥ **果实**

绿色或绯红色，双翅果，带有如同直升机螺旋桨一般的、水平展开的翅翼。

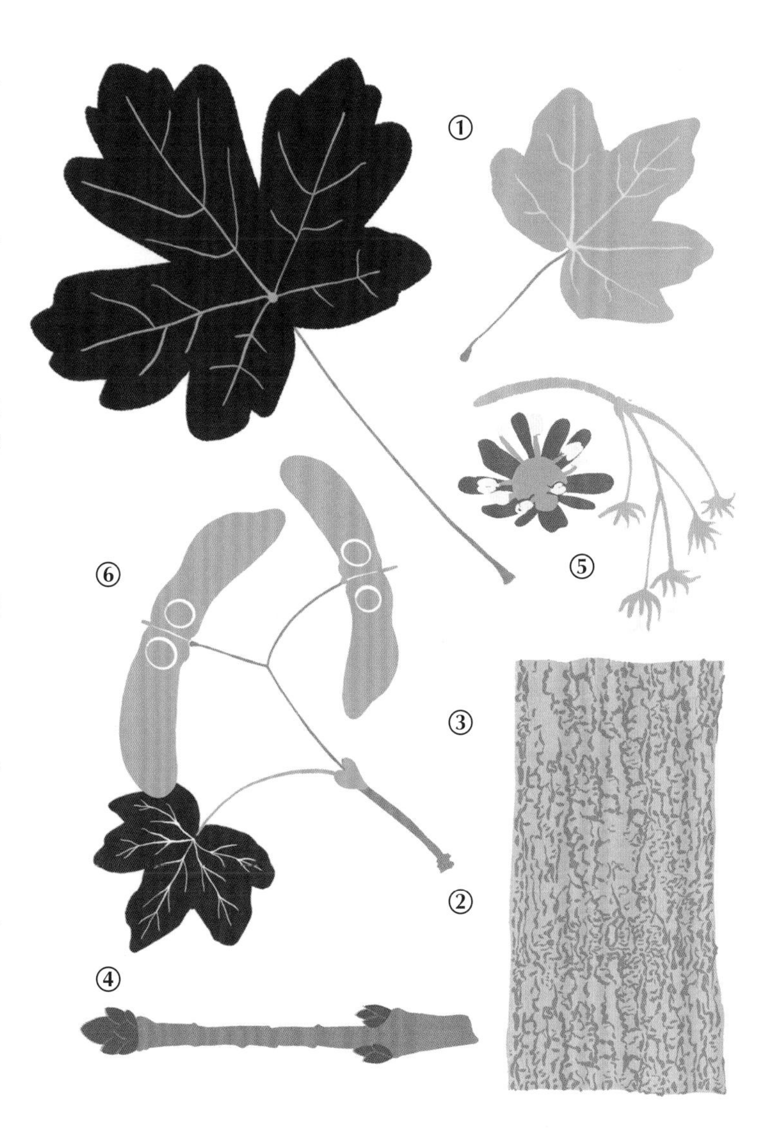

美味

栓皮槭还藏有很多奇迹。我们知道它是一种蜜源植物，现在要说的是它甜蜜的风味。事实上，我们可以利用它甜甜的汁液来制作糖浆，也可以把幼叶拌在沙拉里享用。

Acer platanoides

挪威枫

挪威枫适应能力强，生长速度快，如今是城市绿化的明星树种之一。这种树木一直与人类相伴：从前，人们用它的叶子来喂羊或者拌沙拉，这就是其绰号“沙拉树”的来源！

属：槭属

科：槭树科

目：无患子目

该属下含种数：大约 115 种

何处寻？

挪威枫需要肥沃、湿润、凉爽的土壤，否则就会长势不良。需要阳光照射，能耐受城市中的空气环境，但对霜冻敏感。挪威枫既能在城市生长，也能在乡间生长，适应能力强，是鸟类的食物来源。

平均寿命	生长速度	外形特征
200年。	快（20年长10.5米）。	挪威枫与欧亚枫（Acer pseudoplatanus）相比稍矮，很少有高于25米的；树冠圆形，树枝密集，树干细。

① 叶

叶片宽大（10厘米到20厘米），每个叶缘锯齿上都有纤维质的丝状尖端；叶柄长，且会有乳汁渗出；质地细密，有光泽，深绿色。

② 枝

棕褐色，有光泽。

❸ 树皮和木材

树皮浅绿色，有小而细密的条状突起，永远不剥落；木材黄色，坚硬沉重。

④ 芽

带有无毛的双色鳞片：一部分为红棕色，一部分为绿色。

⑤ 花

挪威枫绽放大量的花朵，形成直立的伞房花序，嫩绿色，趋近于柠檬黄色。

❻ 果实

两个分果组成的双翅果，内部无毛且光滑。

当心女巫！

根据法国的民间习俗，挪威枫被视作对抗女巫的有效保护伞，据说她们的魔杖就是由这种树木的枝条做成的。为了驱逐女巫，农民将挪威枫的枝条钉在家门上或放在谷仓中。

Acer pseudoplatanus

欧亚枫又称卡莫西槭

波希米亚人将这种树木称为鲁特琴之树，因为它的木材得到了音乐家的赏识，常被用来制作鲁特琴、长笛、吉他、小提琴等乐器。不过，人们喜爱欧亚枫的首要原因是其高大美丽的外形和遗世独立的身影，它是如此引人注目，用雄壮的身躯抚慰了人们的心灵。

属：槭属

科：槭树科

目：无患子目

该属下含种数：大约 115 种

何处寻？

欧亚枫一般生长在乡间，它喜欢那儿凉爽清新的空气。它更适应湿润、凉爽而富有钙质的土壤，喜阳。欧亚枫能长成一棵独自伫立、雄伟壮丽的大树。

平均寿命	生长速度	外形特征
500 年。	相对较快（20 年长 10.5 米）。	欧亚枫是槭属植物中长得最高的树种，能轻轻松松地长到 40 米高；树冠宽阔，树枝有粗壮的支撑主枝和弯弯曲曲的小树枝之分；树干笔直而有力。

① 叶

叶片宽大（有些可达 15 厘米），下垂，质坚硬，叶缘有小圆形锯齿；叶片 5 裂，裂片呈披针形，其间的缝隙窄而尖；叶背面的叶脉带有茸毛。

② 枝

近灰色，泛粉红色，枝条弯弯曲曲的。

③ 树皮和木材

树皮龟裂成近圆形的小型鳞片，颜色位于灰色到土陶色之间；木材白色坚硬，常用于细木工制品或陀螺的制造；这也是一种优良的燃料木材。

④ 芽

带有绿色鳞片；相对较大，卵圆形。

⑤ 花

生于长柄顶端，聚成狭长而下垂的黄色花序，花朵密集。

⑥ 果实

形成一串双翅果。双翅果在种子着生处有明显的隆起。

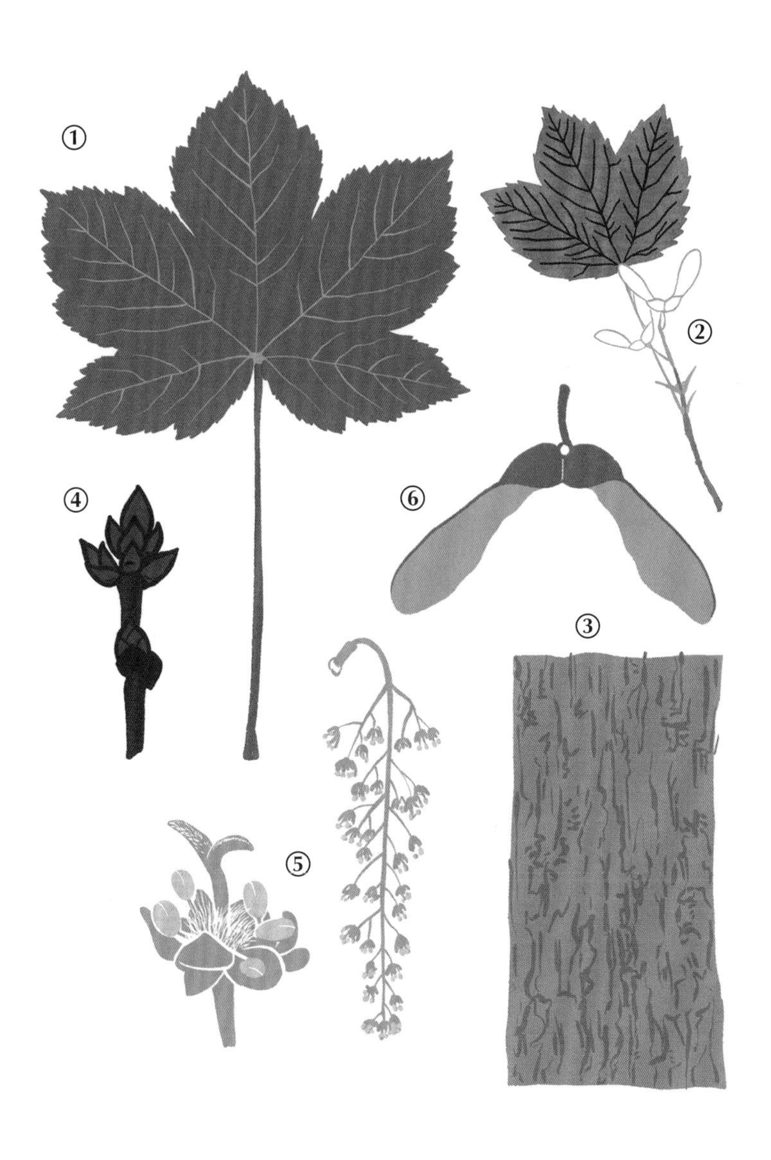

安全之网

在阿尔卑斯山地区，欧亚枫是一位可贵的盟友。凭借强壮有力的根系，它能够加固山坡的泥土，防止崩塌与滑坡的发生。另外，欧亚枫还是一种优良的防风树种。

Acer saccharum

糖　槭

加拿大拥有枫糖浆的战略储备，可以用来应对所有的意外情况。于是，它吸引了一些觊觎与垂涎：几年前，超过3000 吨、价值 2 亿美元的枫糖浆被偷走了。枫糖浆来自糖槭。

属：槭属

科：槭树科

目：无患子目

该属下含种数：大约 115 种

何处寻？

对糖槭生长有利的环境条件是带有一层优良腐殖质的、十分凉爽的土壤和充足的供根系生长的空间，当然还有阳光照射。糖槭的适应性相对较强，耐盐。

平均寿命

200 年。

生长速度

相对较快（20 年长 10.5 米）。

外形特征

这是一种美丽的树木（可以长到 40 米高），树冠形状规则，树枝密集，树形笔直。

❶ 叶

裂片窄而深，主裂呈纤维质；秋天的时候，这种树木会染上美丽的颜色，从鲜红色到金黄色、从橘红色到猩红色都有。

② 枝

棕绿色，上有隔开一对芽的紫红色条纹。

③ 树皮和木材

树皮灰色，有条纹、有鳞片，厚；心材棕褐色，略带胭脂红色，边材色浅；木材坚硬沉重；常用于高级木器制造。

④ 芽

锥形，赤褐色。

⑤ 花

形成下垂的黄绿色伞房花序，花朵生于长柄的顶端。

⑥ 果实

双翅果，略微不对称。

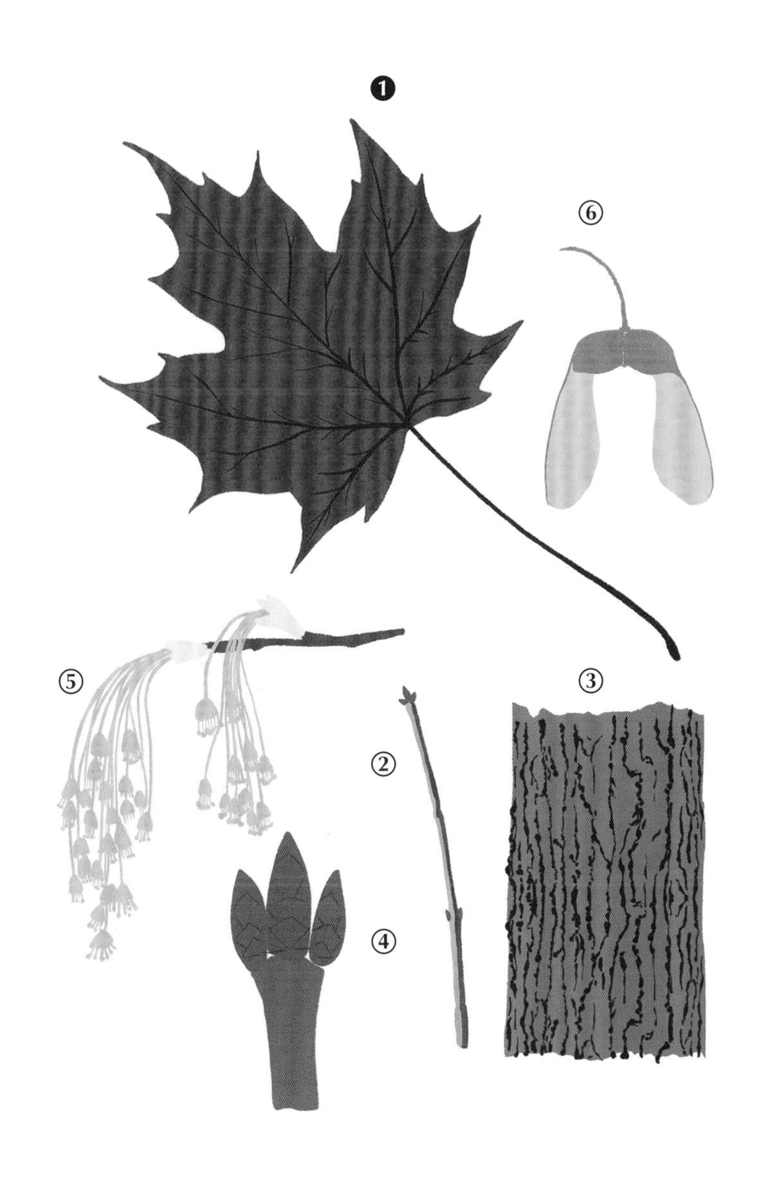

太出名啦！

糖槭的树叶成了加拿大的象征，甚至出现在加拿大的国旗上。用糖槭甘甜的汁液所制作的枫糖浆也有着自己的名气。30 升到 50 升的糖槭浆液大约可以制成 1 升枫糖浆。这种甘露出口到全世界，尤其被拿来淋在可丽饼上食用。

Aesculus hippocastanum

欧洲七叶树

直至 19 世纪末期，植物学家都以为七叶树来自印度。他们甚至进行了好几次科学考察，试图在印度北部重新发现这种树木。事实上，在欧洲装扮街道公园的七叶树很可能原产于巴尔干半岛。

属：七叶树属

科：七叶树科

目：无患子目

该属下含种数：大约 30 种

何处寻？

这是一种对生长要求十分明确的树木：需要钙质多、厚重或多沙的土壤，不耐盐、不耐强光，不适应干燥的空气。因此应该避免将它种植在海边。

平均寿命	生长速度	外形特征
250 年。	快（20 年长 12 米）。	或多或少呈卵圆形，树冠窄，树干粗壮有力，带有直立而粗大的枝条。

① 叶

它的叶片非常有特色，五七成簇，呈星形，看起来就像是绿色的羽毛一般；复叶的每一片小叶无柄，正面鲜绿色，背面浅绿色。

② 枝

红灰色，带有因叶片脱落而留下的马蹄铁状斑痕。

③ 树皮和木材

树皮灰黑色，有纵向的裂纹，会成片脱落；木材质地较为均一，白色，略带黄色；易于加工，但品质一般。

④ 芽

大，有皮革般的光泽，覆盖有黏质鳞片（黏稠的物质是蜂胶，深受蜜蜂喜爱，被它们用于填补蜂巢的空隙或者是修复蜂房）。

❺ 花

许多白色或粉红色的花朵一起形成大型花序。

❻ 果实

带刺的果壳 3 裂，其中只有一颗种子（称为猴板栗）；欧洲七叶树的果实看起来像一颗大板栗，但需要注意的是，它不可食用！

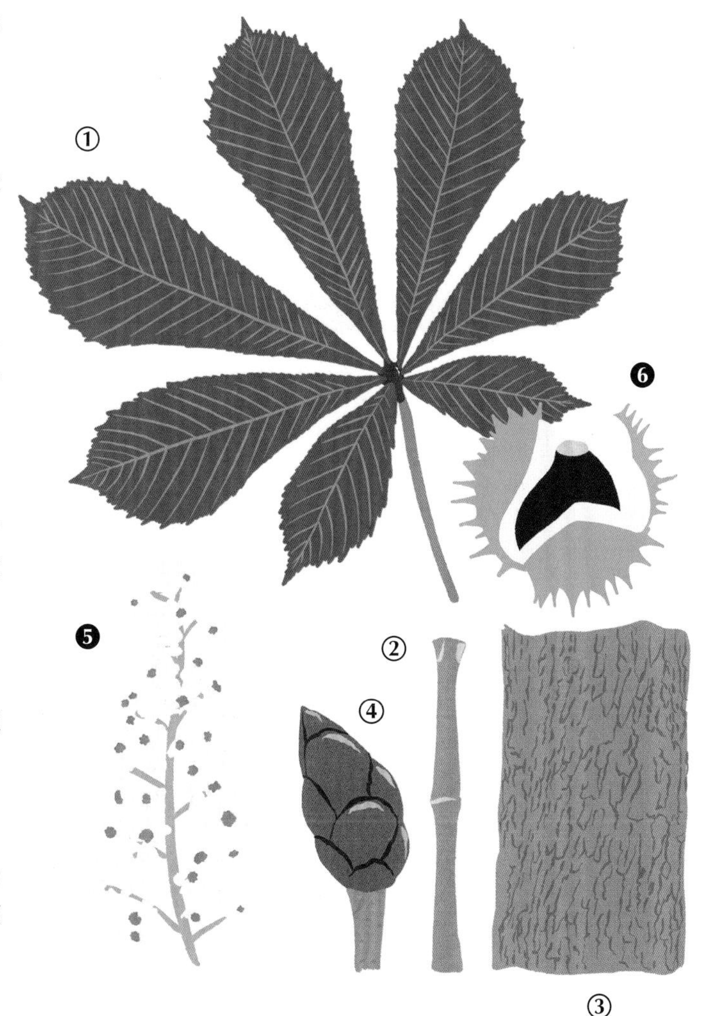

七叶树的漫长旅程

七叶树翻越崇山峻岭才来到欧洲：1576 年，神圣罗马帝国的大使冯·昂纳德男爵（von Ungnad）在君士坦丁堡将七叶树的种子赠予植物学家查尔斯·德·埃斯克鲁兹（Charles de L'Escluse）。1615 年，第一株七叶树被种植在巴黎苏比斯府邸[15]的庭院之中。

Carpinus betulus

欧洲鹅耳枥

学习苗圃培育的人常认为，鹅耳枥拥有一种远比它更为矫健的近亲，可谓是天大的误会。确实，人们经常分不清鹅耳枥与山毛榉。鹅耳枥是一种适应性强的树种，喜爱厚重而黏土质的土壤，而山毛榉则与之相反，它只喜爱疏松甚至是沙质的土壤。

属：鹅耳枥属

科：桦木科

目：壳斗目

该属下含种数：大约 30 种

何处寻？

过多的盐分是唯一一项鹅耳枥不耐受的条件。除此之外，鹅耳枥是一种很容易在各类土壤中成活的树种，可以抵抗强风，还能适应城市中种种不利于生长的因素。鹅耳枥可以在阿尔卑斯山脉 1000 米以下的海拔高度生长。

平均寿命	生长速度	外形特征
150年到200年之间。	相当慢（20年长10米）。	枝条尽情伸展，一般呈下垂状，树冠宽大，树枝密集。因为鹅耳枥的树干有凹痕，而树枝又浓密，让人感觉易于攀爬。

① 叶

鹅耳枥为落叶树，叶脉多而深，互相平行，叶缘有双层锯齿，因此便于识别。秋天之时，叶柄会变为浅黄色。

② 枝

纤细而弯曲，初生时覆盖有茸毛；棕绿色。

③ 树皮和木材

树皮光滑，薄，纵向有银白色的斑点；随着年龄的增长，树干上会有各种凹痕，呈现出一种坑坑洼洼的外形；木材的颜色位于白色到浅黄色之间，沉重坚硬，质地均一；一般来说，我们无法区分出鹅耳枥的心材与边材；鹅耳枥的木材不易于加工，但它储存的热能很多，是一种优良的燃料木材。

④ 芽

卵圆形，覆盖有红色鳞片，鳞片顶端有茸毛。

⑤ 花

雄花序黄色，下垂，春天来临时会伸长展开；雌花序更为细长，有红色的雌蕊。

⑥ 果实

小而扁平的瘦果，基部有一个大型的叶状苞片。

刚强如鹅耳枥

这是一种为法式园林所偏爱的树木。此外，由鹅耳枥的法语名称演化出了另一个单词：charmille，它指的就是树木经过精心修剪的林荫小径。鹅耳枥长得健壮，抵抗性强，有时被称为“铁木”（bois-de-fer）。在冶金工业发展起来之前，机器的承重部分、屠夫的砧板以及乳品店的各种用具都是由鹅耳枥的木材制造的。这难道不令人着迷吗[16]？

Castanea sativa

欧洲板栗

自 20 世纪 50 年代以来，栗树的数量呈现下降的态势：两种严重的疫病（别名为板栗干枯病的板栗疫病，以及更为严重的、由栗疫霉黑水病菌[17]造成的根腐病）先是破坏了美洲的野生板栗种群，而后又将人工种植的板栗林化为一片荒芜。

属：栗属

科：壳斗科

目：壳斗目

该属下含种数：大约 12 种

何处寻？

栗树和葡萄一样，喜欢温和的、夏季阳光充足的气候条件。它更偏向于在肥沃和略带酸性的土壤中生根，不太喜欢钙质和积水。栗树可以适应城市生活，喜欢与橡树相伴而生。

平均寿命	生长速度	外形特征
在 20 世纪时，据估计，一株位于埃特纳火山[18]山坡的欧洲板栗已经活了 3000 年。	快（大约每 10 年长 4 米）。	有着密不透光的枝叶。

❶ **叶**

长方形或披针形，长度在 15 厘米到 25 厘米之间，宽度在 6 厘米到 8 厘米之间，叶柄短，叶缘有锯齿。叶片每年脱落，有光泽，使人们能够很容易地认出它来。

② **枝**

灰色，无茸毛，无顶芽。

③ **树皮和木材**

树皮一开始光滑且为银灰色，横向有细细的带状斑，之后会纵向开裂，脊状突起相互交错；木材坚硬，无斑点，容易开裂；如今它仍被用于制作柱子或支架。

④ **芽**

卵圆形，紫棕色，覆盖有非常纤细的茸毛。

⑤ **花**

初夏时分，栗树会生出黄绿色的长花序，散发出一种非常强烈而甜蜜的香气。

⑥ **果实**

一般来说，一个带刺的壳斗中会有 3 个栗子；在欧洲，栗子的收获季为秋季中期。

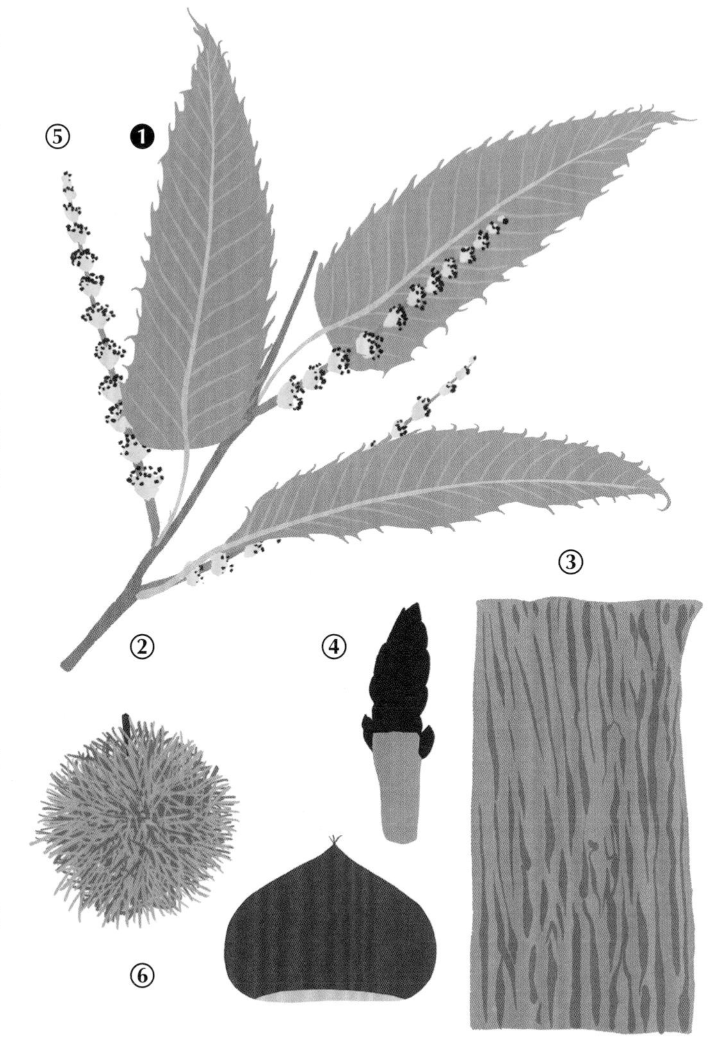

凯尔特人的遗产

如今，我们会用栗子来做圣诞节的各类佳肴，特别是把它塞到火鸡的肚子里，这可能是一项由凯尔特人留给我们的久远的遗产。的确，对于凯尔特人来说，栗树是新一年的庇护神。在那个时代，栗子为人类和牲畜提供了整个冬季的食物。

Celtis australis

南欧朴

朴树在自然状态下就有3分叉的枝条。和油橄榄一样，朴树可以从好几百年的树桩上再生，长出茁壮的新枝新芽。树桩的生命力十分长久，可以数次长成新的植株。尤其是在法国，很长时间以来它都被种植在矮林中，修剪成特定的形状，以便于生产长柄叉、鞭柄等农具。

属：朴属

科：榆科

目：荨麻目

该属下含种数：70种

何处寻？

朴树一般沿河岸和水流生长，或生于喜马拉雅山脉多石的山坡。在2500米以下的海拔高度都可以看见朴树的身影。它喜欢高温、阳光和避风环境。朴树可以耐受各种性质的土壤，但如果条件允许的话，它更喜欢低酸性的土壤。

平均寿命	生长速度	外形特征
1000 年。	非常慢（20 年长 3 米）。	高大美丽，树冠呈球状，树干短而笔直。

① 叶

叶片长，顶端尖，弯弯扭扭的，有着不规则的锯齿；叶脉带有纤细的茸毛。

② 枝

细，深棕色，有光泽。

③ 树皮和木材

树皮薄，灰色，光滑；其上有时可以看到一些树瘤；木材既结实又柔韧，从前被用于制造鞭柄。

④ 芽

近乎扁平，顶端尖，覆盖有白色的茸毛。

❺ 果实

朴树的果实可食用：为紫色的核果，和豌豆差不多大，几乎不呈肉质，有一个表面皱巴巴的果核。

花

单性花或两性花，有 5 瓣雄蕊和一个小球状子房，子房之上是两个长短不一、有茸毛的柱头。

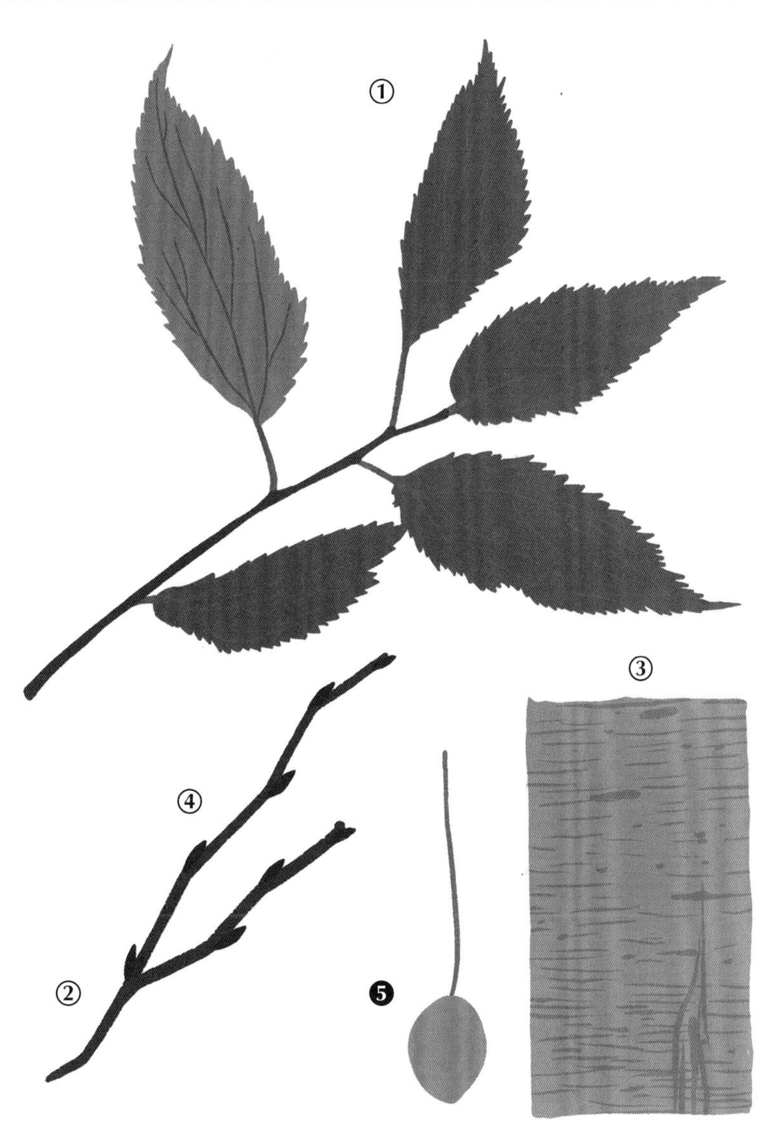

著名的索夫长柄叉

在法国加尔省的索夫镇，人们至今还按照古法用朴树的木材制作长柄叉。同一叶腋中的三个芽生出了三根枝条，也就是后来长柄叉的三个分叉。索夫镇居民高超的技艺就在于善于控制朴树的生长，使三根枝条能协调地长到同样的直径。这项工序被称作“整枝”。

Cinnamomum camphora

香　樟

香樟和银杏都是广岛的市树。有很多株香樟尽管生长在 1945 年原子弹爆炸点的附近，但仍然幸存了下来。

属：樟属

科：樟科

目：樟目

该属下含种数：200 种

何处寻？

原产于亚洲热带国家和地区（印度、马来西亚、中国），亦被种植在日本、加利福尼亚以及地中海沿岸地区。香樟的生长需要充足的阳光，也需要大量且频繁的灌溉。

平均寿命	生长速度	外形特征
800 年。	快。	这种树木在欧洲只能长到中等高度，但在亚洲却可以长到 40 米高。香樟树高大直立，粗重而起支撑作用的枝条形成宽阔的树冠，这些特点使人们可以轻易辨识出它来。

① **叶**

常绿，革质，叶柄长，叶片卵圆形，呈绿色，带有金色或紫红色的斑点，有光泽，十分美丽。

② **枝**

光滑且有光泽。

❸ **树皮和木材**

树皮银灰色，有细细的裂纹；白色透明的樟脑是一种芳香物质，香气浓郁，它就是由香樟树木材蒸馏所得。因此我们把香樟木称为芳木[19]。

④ **芽**

灰色，卵圆形，有茸毛；绿色，偏黄又偏蓝。

⑤ **花**

大型花序，松散又有很多分支；白色或茴香绿。

⑥ **果实**

香樟的果实为核果，成簇生长，最初为紫色，后来成熟时转为黑色。

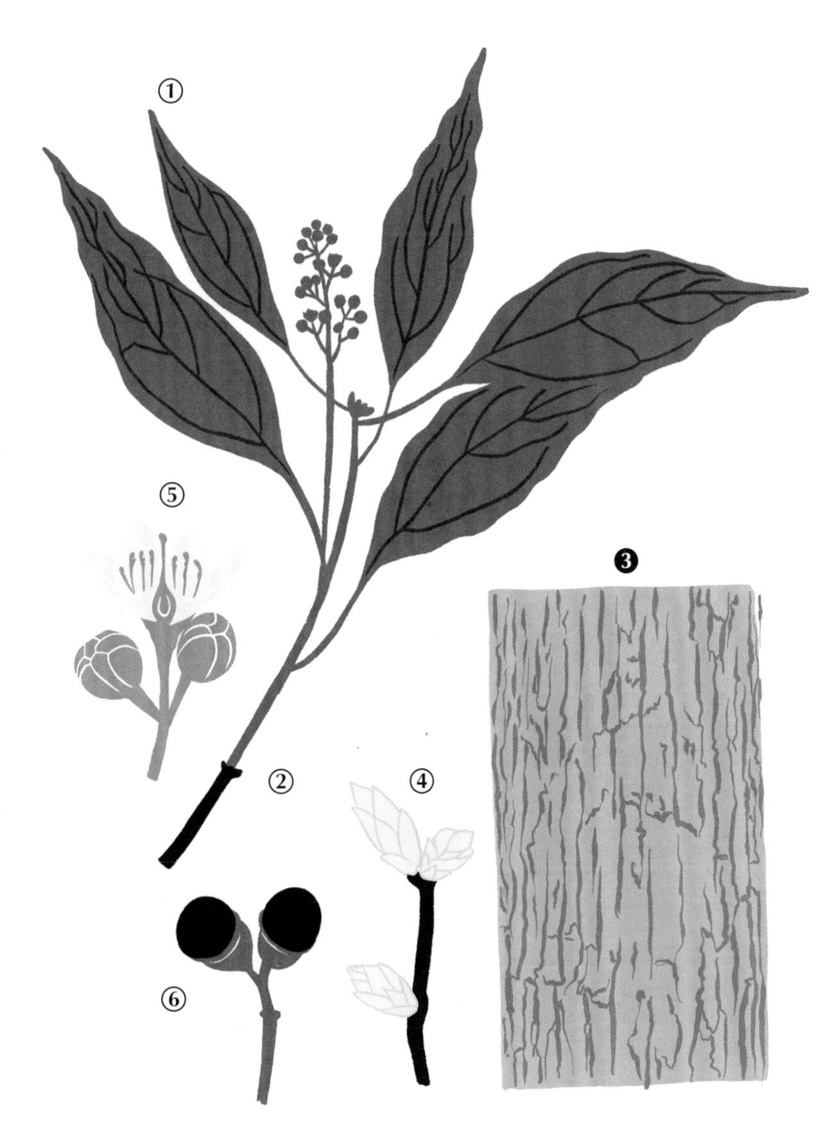

樟脑：千种用途

樟脑是由老香樟树的木材蒸馏所得。自远古时期以来，它就为人所利用：樟脑有杀虫功效，还被用于生产赛璐珞（塑料的祖先），也在伊斯兰教中被用在死者的洗濯净身仪式上。它也是著名的虎标万金油中的主要成分。

Fagus sylvatica

欧洲水青冈[20]

欧洲水青冈有很多不同的栽培品种，其中包括著名的紫红水青冈和曲干水青冈。前者在 1680 年被发现于德国的汉莱特森林，后者因有着像动画片中管道系统一般曲折的树干和枝条而闻名。

属：水青冈属

科：壳斗科

目：壳斗目

该属下含种数：10 种

何处寻？

欧洲水青冈很随和，对光照环境和阴暗环境都能适应，对酸性或黏土质的土壤也能耐受。欧洲水青冈耐寒，但是霜冻和高温会对它造成损害。对植物溃疡病敏感，在周围有防护林的情况下能够生长得更好。

平均寿命

500 年。

生长速度

相对较慢（15 年长 7.5 米）。

外形特征

这是一种大型树木（高达 40 米），它以高大浓密而宽阔的树冠傲然耸立；树干笔直，相对较粗，树枝细长。

① 叶

深绿色，十分美丽，叶片小（5 厘米到 10 厘米之间），叶缘有锯齿，叶脉基生，叶基圆形；秋天时，叶片会染上一层金色。

② 枝

灰色，弯曲而纤细。

③ 树皮和木材

树皮银灰色，近乎光滑；木材砍伐的时候呈白色，随时间流逝会变红；水青冈木沉重坚硬，很长时间以来人们都用它制作铁轨枕木；燃烧性能优良。

④ 芽

红棕色，又长又尖，覆盖有革质鳞片，非常有辨识度。

⑤ 花

雄花序下垂，生于长柄顶端，雌花序两两立于枝条上，外有长满软刺的壳斗包裹。

⑥ 果实

水青冈果为锥形，和榛子差不多大，覆盖有红棕色的软毛，时机成熟时会开裂，以便内部的两粒干果能够脱落；欧洲水青冈的果实可食用，尤其受到野猪和啮齿类动物的喜爱。

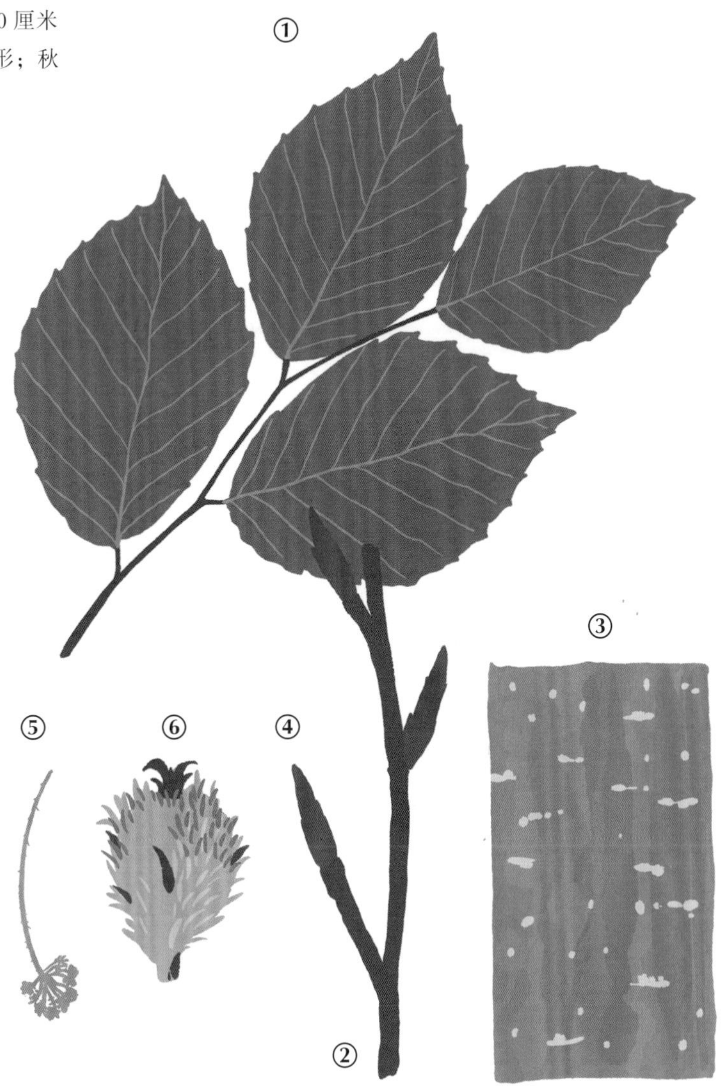

嫌疑"树"

在过去，紫红水青冈曾引起居民的恐惧与惊慌。人们将它视作上天对杀人流血罪行的惩罚。至于曲干水青冈，一些人认为是陨石中的放射性物质造成了它的突变。

Ficus carica

无花果树

几乎没有树木能像无花果一般获得如此多的赞誉。在古罗马神话中，罗慕路斯（Romulus）和雷穆斯（Rémus）就是于无花果树荫下被母狼喂养的。由此可见，无花果树十分受罗马人的尊崇。而一株生长出现异常的无花果树则被视作一场凶兆。罗马这个名称也来源于同时表示母乳和无花果汁液的拉丁语单词：rumis。

属：榕属

科：桑科

目：荨麻目

该属下含种数：近600种

何处寻？

无花果树喜阳喜热，只能在温和的气候条件下才能结出品质优良的果实。它的生长需要排水性能良好和矿物质、钙质丰富的土壤。

平均寿命

300年。

生长速度

快，它的枝叶极为繁茂，能使人感受到无花果树惊人的生长速度。

外形特征

无花果树并不像别的果树一样有一个规则的外形，它朝着任何可能的方向尽情伸展，它不会长得太高，但能投下一大片树荫。

① 叶

无花果树的叶片非常特别，仿若忍者神龟的脚掌；厚革质，叶缘裂，每年脱落，散发出一股薄荷的香气；能够很轻松地达到30厘米长。

② 枝

树枝粗壮，弯弯曲曲，绿色，带有银色的反光。

③ 树皮和木材

树皮灰色，就像大象的皮肤；木材近白色，质地疏松；无特殊用途，既不用作木柴，也不用于手工业。

④ 芽

有绿色的部分，也有黄色的部分，长15厘米，顶端尖。

⑤ 花

各种各样的栽培品种都只拥有雌花。它们生长在小小的肉质“漏斗”中（即复果）。等晚些时候，这个“漏斗”会鼓起来，形成成熟的无花果；传粉是由榕小蜂完成的，这是一种形似迷你胡蜂的小昆虫。

❻ 果实

初生时为绿色，而后成熟时转为紫色；一年有两次收获季，一次是在春天的老枝上，另一次是在秋天的新枝上。

罪恶之树原应为无花果树？

无花果树是《圣经》中出现的第一棵树。此外，原罪之树应是一株无花果树，而非苹果树。它是性的完美象征：无花果本身就长得像睾丸，而一旦开裂，又像女性的生殖器。确切地说，无花果并不是一个果实，只是充当了子宫的角色。还有一点：从断裂的枝条中流出的无花果树汁液能够增强精子活力。

Fraxinus excelsior

欧 梣

对于很多民族来说，尤其是在北欧，梣树在过去很长一段时间之内都是一种有着超能力的神奇树木。古希腊、古罗马人很有可能继承了这项传统，那时人们用梣树叶来驱赶蛇类和治疗伤口。

属：梣属

科：木樨科

目：唇形目

该属下含种数：大约 60 种

何处寻？

欧梣常与山杨、桤木和柳树相伴而生，它喜欢潮湿、凉爽而通风良好的土壤。这是一种对空气污染与水质十分敏感的树木。它生长在 1400 米以下的海拔高度，在欧洲和小亚细亚，处处都能看见它的身影。

平均寿命	生长速度	外形特征
百来年。	相对较快（20 年长 10 米）。	大型树木，树枝稀疏，树干笔直，在绿篱中随处可见，靠近水流或道路生长。

① 叶

由 5 到 7 对无柄小叶形成复叶，叶缘有锯齿，复叶顶端的小叶较其他叶片而言更小；无毛，叶片正面深绿色。

② 枝

灰绿色，带有肉眼可见的皮孔。

③ 树皮和木材

树皮浅灰色，有细细的裂纹；木材白色，沉重坚硬，十分坚韧；有弹性；梣木是用于高级木器制作的最为珍贵的木料之一。

❹ 芽

对生，黑色，毛茸茸的，非常有辨识度。

⑤ 果实

翅果，扁平，仿佛只剩外壳的豌豆荚。初生时为绿色，后来转为棕橘色。

花

梣树花朵生长得非常随性，有单性雌花，也有单性雄花，有时还有两性花。无花瓣亦无萼片。在枝条顶端以小球状成簇生长。

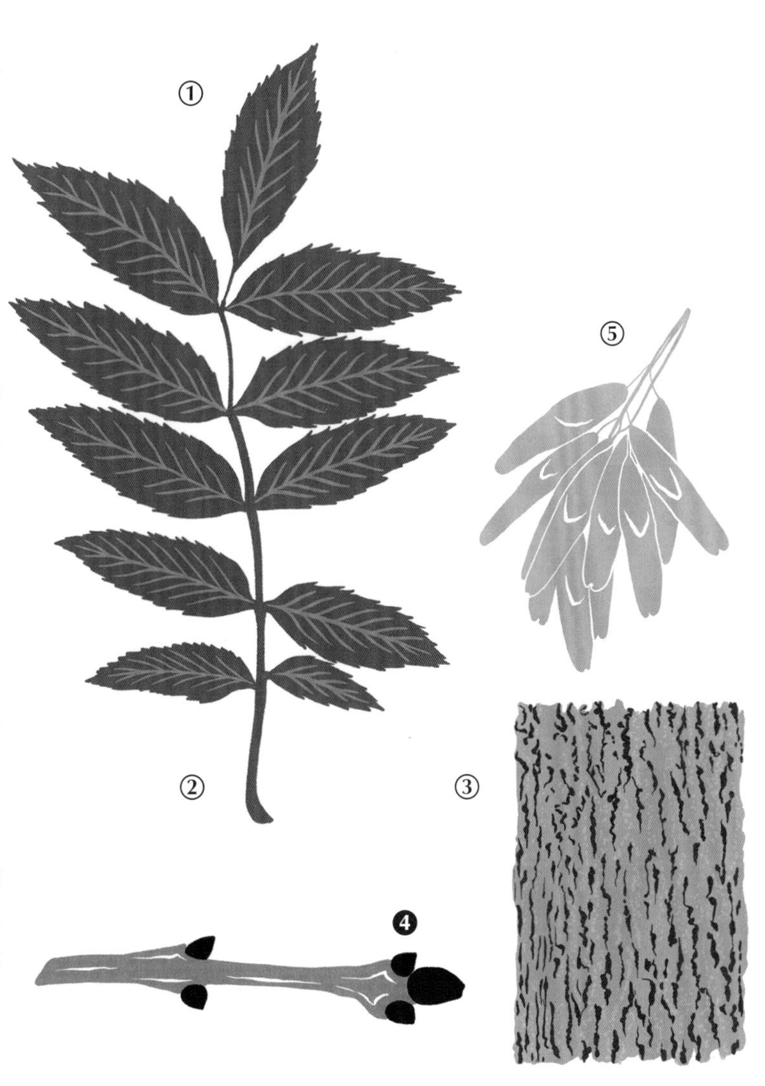

在北欧神话的世界里

根据北欧神话，有不少于 9 个王国都是由世界之树尤克特拉希尔（Yggdrasil）孕育的，这株树就是一株梣树。奥丁是北欧神话中的一位神祇，他的形象多变而复杂。奥丁曾经受了伤又被吊在尤克特拉希尔树枝上 9 天 9 夜。就是他发现了北欧古文字字母表的含义。

Ginkgo biloba

银杏或称金果树

银杏被达尔文称为活化石，是一个非常与众不同的物种。它是它这个目唯一仅存的代表树种。它存在了1.6亿年——简直就是现代恐龙！或许银杏的长存有赖于佛教僧侣，他们将银杏种植在寺庙周围的圣林中，并给予悉心的照料。

该示意图为秋季叶片的情状

属：银杏属

科：银杏科

目：银杏目

该属下含种数：1种

何处寻？

银杏能耐高温，能抵抗城市污染。它喜欢深厚、肥沃和酸性的土壤，不耐盐、不耐受过于潮湿的环境。这种灿烂夺目的装饰性树种独自伫立，用金色的叶片照亮了秋天。

平均寿命

2000 年。

生长速度

慢，特别是在生长期的前 10 年。

外形特征

银杏傲立于世，笔直的树干仿若牢牢深扎在土壤中的船舶，枝条形状不规则，有时还会弯弯曲曲地生长；银杏往往能长到 30 米高。

❶ 叶

非常有特点，长叶柄的顶端是一片 2 裂的小扇子；在短枝上 4、7 成簇生长；在秋季会染上一层华丽的金色，十分炫目。

② 枝

有光泽，浅灰色。

③ 树皮和木材

灰色，纵向有裂纹；最为年老的银杏树皮上会有凸起；木材色浅，纹理不太明显，以不会腐烂而著称；在亚洲常被用于制作宗教礼器。

④ 芽

绿色及红色；扁平，顶端尖，就像铁制的长枪头一般。

⑤ 花

花与叶同时出现，生于枝条顶端；雄花像一枝老年期的绿铃兰；雌花大小和一颗豌豆差不多，边缘有一圈类似壳斗的肉质垫，花沿柄单生。

⑥ 果实

长得像黄色的小型李；在很短的时间内腐烂，发出一种极为难闻的臭味；种子白色，炒制后食用，尤其是在中国很受欢迎。

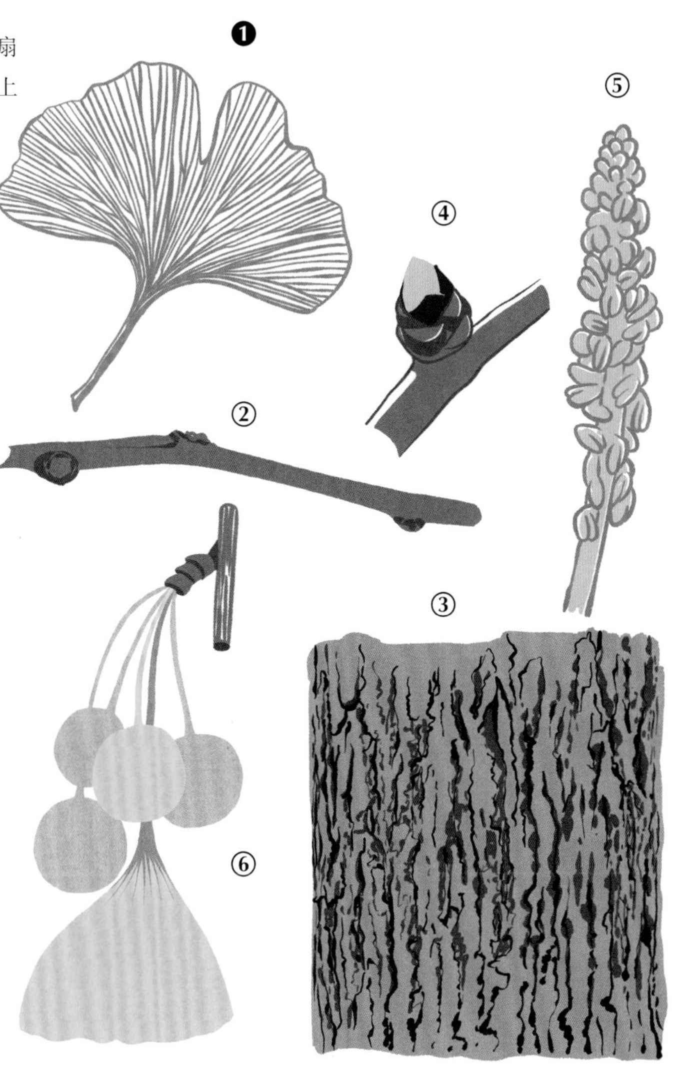

有价值的树木

银杏对于日本人来说是神圣之树。在广岛原子弹爆炸中，它幸存了下来。法语中，人们称之为“价值 40 埃居的树木”。这个名字来源于一位叫德佩蒂尼的先生：他于 1778 年从一位英国人手中购得了第一株进口到法国的银杏树。为了这棵树，他付了整整 40 埃居（在当时是天价了）。

Morus alba

白　桑

在蚕桑业中，白桑被种植成一排排篱墙以便于收获桑叶。若没有人为干涉，它会是一种非常美丽迷人的小型树木，一般呈现出灌木的外形。

该示意图为秋季叶片的情状

属：桑属

科：桑科

目：荨麻目

该属下含种数：大约 12 种

何处寻？

在中国和朝鲜半岛的钙质土壤中能看到野生桑树的身影。而同属桑科的另一种树木——构树常用于造纸，喜热，生长需要避风，在生长初期对霜冻敏感。

平均寿命	生长速度	外形特征
500 年。	非常慢（20 年长 4 米）。	小型树木（极少有超过 10 米高的），树冠开阔，树枝纤细而柔软。

❶ 叶

有光泽，叶缘有大小不一的深锯齿，叶片相当柔软；秋季时会变成金色；很长时间以来，桑叶都是蚕的食物来源。

② 枝

灰色，光滑。

③ 树皮和木材

树皮有裂纹，纤维质，呈暗淡的浅灰色；边材白色，质密；桑树的木材十分结实，且防水。

④ 芽

小，顶端尖。

⑤ 花

4 瓣萼片，呈十字形，雄花有 4 瓣雄蕊；雌花形成十分密集的穗状花序，雌蕊有两个长柱头。

⑥ 果实

桑树的果实即为桑葚；有长柄，肉质，呈圆柱形；有白色，有粉红色，甚至还有紫红色。

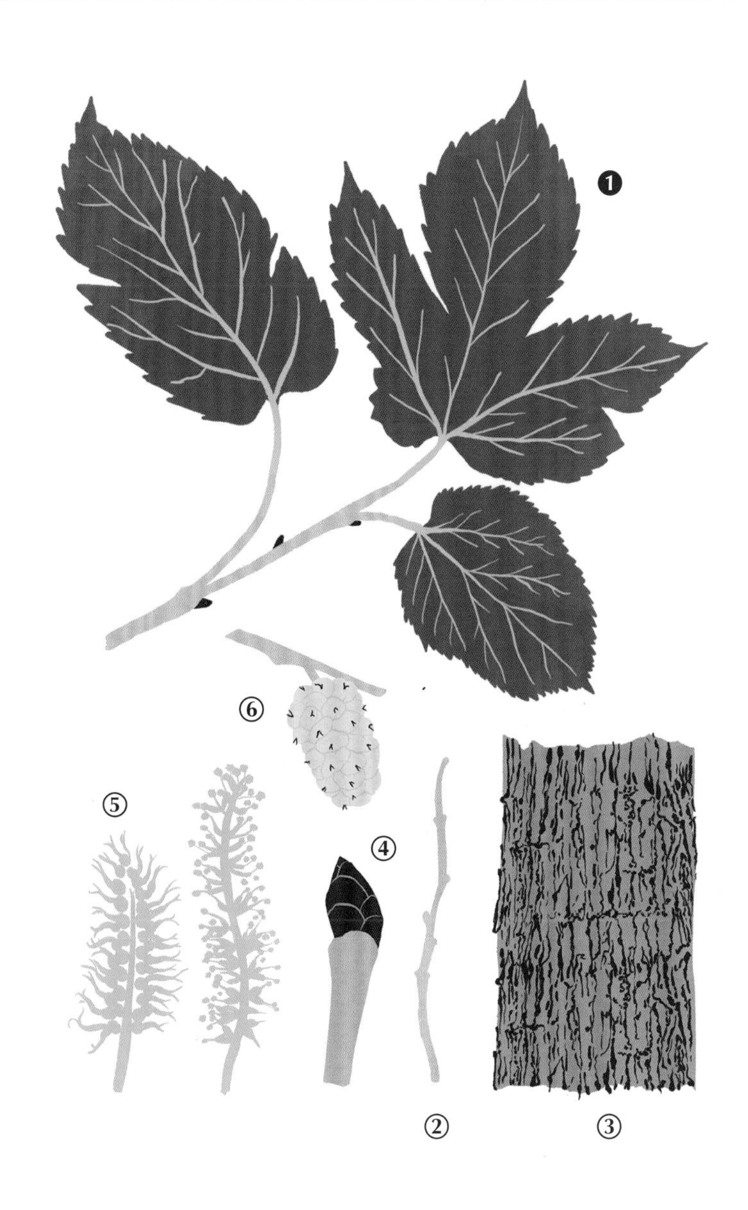

蚕桑业之始

公元前 2700 年左右，黄帝正妻嫘祖在观察到蚕啃食桑树叶片的现象后发展了养桑业。这于很长时间内都是中国的特有技术。555 年，两位僧侣将蚕卵带到了君士坦丁堡，开启了蚕桑业在欧洲飞速发展的进程。

Olea europea

油橄榄

油橄榄是和平与神圣的象征。古往今来，它在人们的心中都占据着特殊的地位。《圣经》中，鸽子为挪亚方舟衔来了一根橄榄枝，预示着洪水的退却。奥林匹克运动会的胜者会戴上橄榄枝做成的花环。《古兰经》中，它是一株得到过真主赐福的树木，象征着全人类。联合国的旗帜上以及法兰西学院院士的院服上都画有油橄榄。

属：木樨榄属

科：木樨科

目：龙胆目

该属下含种数：大约 30 种

何处寻？

油橄榄的生长需要阳光，很多阳光，数不尽的阳光！在地中海沿岸地区，处处可以看见它的身影，无论土壤是否多石、是否钙质。油橄榄有多讨厌严寒，就有多喜欢高温。

平均寿命	生长速度	外形特征
2000 年，有时又远远长于此。	非常慢。	低矮粗壮（最多 15 米高），深深扎根于土壤中，适应力极强。

❶ 叶

叶柄短，叶片披针形，革质，一条中脉贯穿叶片，正面深绿色，背面灰色；叶常绿，在有风的时候会显得特别美丽。

② 枝

银色，近圆柱形。

③ 树皮和木材

树皮初生时光滑，近白色，后来会变为灰色，老树上有深裂纹，还会成鳞片状剥落；木材深米色，十分坚硬，质地极为均一而紧实；常为高级木器制造业所用。

④ 芽

小，绿色。

⑤ 花

白色，有香气，在叶间一小串一小串地成簇生长；萼片裂为 4 圆瓣，上有两枚雄蕊。

❻ 果实

油橄榄为卵圆形的核果，每个栽培品种的果实外形不一，颜色上从绿色到黑色的都有；初榨橄榄油被称为处女橄榄油：这是品质最好的那种。

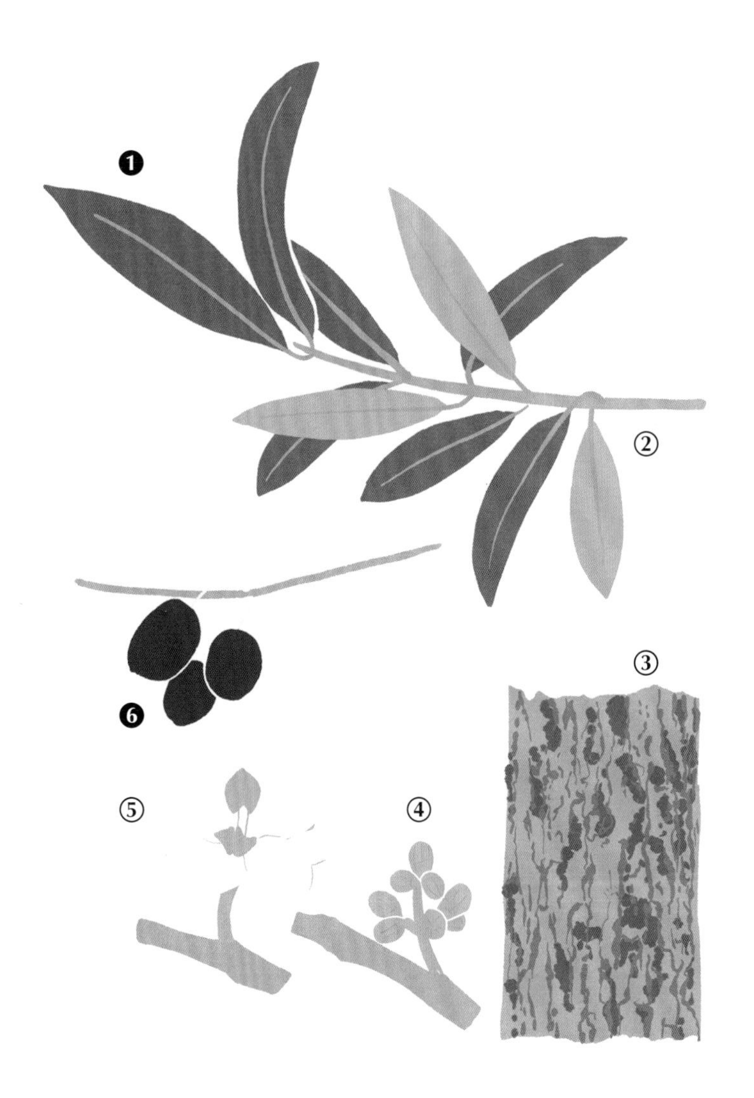

凡 · 高与油橄榄

1889 年到 1890 年，画家文森特 · 凡 · 高住在普罗旺斯圣雷米的居所中，其间，他深为油橄榄所折服：“油橄榄的特点十分鲜明，而我寻寻觅觅试图抓住它的美感。它的银白色有一种年代感，有时带蓝色，有时又带绿色、古铜色……或许在某一天，我能像用向日葵阐释黄色那样，画出属于我自己的笔触。”

Platanus acerifolia

二球悬铃木或称槭叶悬铃木[21]

为使前去征战的士兵能够不受烈日的暴晒，拿破仑一世曾下令在法国沿着各大街道栽种悬铃木。如今，一般是在法国南部地区，悬铃木仍被栽种在市中心与道路两旁，为人们提供荫蔽。

属：悬铃木属

科：悬铃木科

目：蔷薇目

该属下含种数：6 或 7 种

何处寻？

在自然状态下，悬铃木沿着湖泊和河流的岸边生长，但它并不是一个娇小姐：悬铃木能够适应更为干旱的土壤。此外，它很能耐受高温和城市污染。

平均寿命	生长速度	外形特征
几百年。	快（20 年长 12 米）。	这是能在城市中如鱼得水的典型树种；树冠宽阔，树干笔直强壮，主枝细长，小枝弯弯曲曲，让人从很远就能认出它来。

① 叶

悬铃木的叶片为大型的掌状叶，长 12 厘米到 25 厘米之间，有 3 条主脉，叶缘 5 到 7 裂；背面像一块被剃短毛的麂皮；悬铃木叶看起来和葡萄叶差不多。

② 枝

近灰色，无顶芽。

❸ 树皮和木材

认准一个细节就不会弄错：二球悬铃木的树皮会随着时间流逝而成片状剥落，让人隐隐约约看见一些白色的圆斑；等悬铃木衰老之时，会有雕鸮停留在树干上；木材米色，泛粉红色，坚实沉重；有时被用于细木工制造业，但更多的是用作木柴。

④ 芽

锥形，只有一个鳞片；冬天之时，悬铃木的芽隐藏在叶柄之间或叶疤周围。

⑤ 花

悬铃木的花序像一个竖满茸毛的圆球，被称为球状花序。成对生于长柄顶端，在春天开裂。

⑥ 果实

瘦果，周围有类似鸟羽的茸毛，以便果实能够随风扩散。

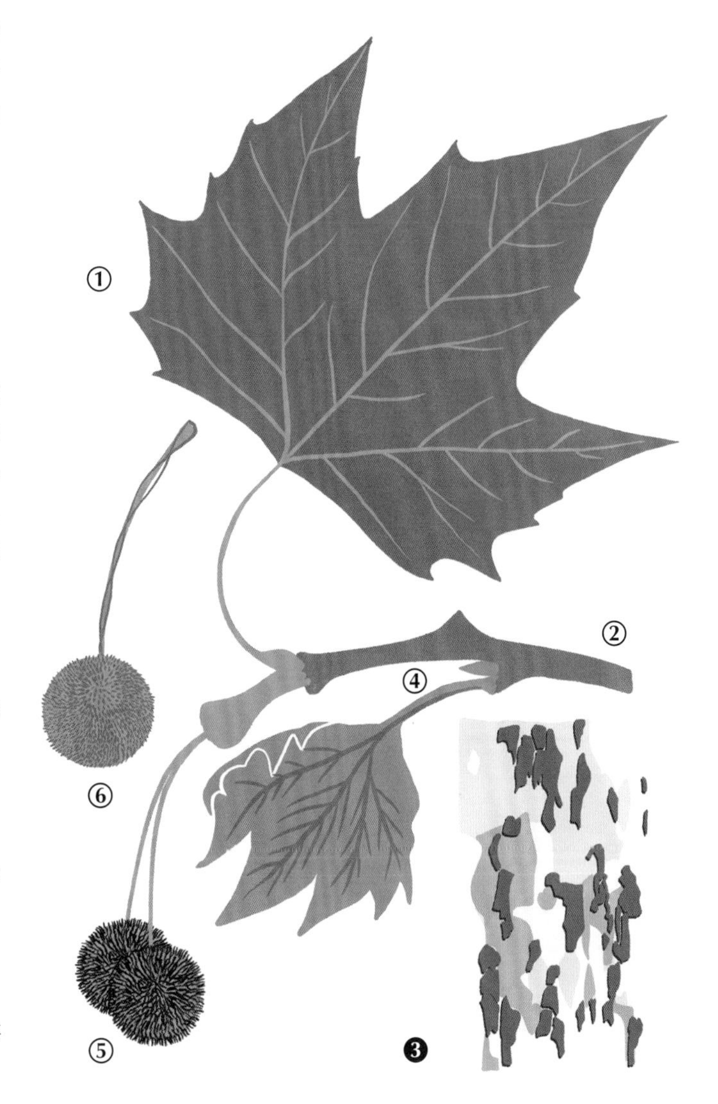

自然状态下的光学错觉

有时，我们会在有些悬铃木的树干上看到大雕鸮的样子——我们总是不知道为何如此。多亏了这些“动物凸起”，悬铃木成了体验幻想性错觉（paréidolie）的理想树种。幻想性错觉是指，在自然界中或在一些物体上，我们会因为光学错觉而误以为自己看到了人脸。

Populus alba

银白杨

杨树是一种“群居”树木。它的拉丁学名和表示“群众”的单词拥有同一个词根。根据贺拉斯[22]的诗歌，那时人们将杨树种植在雅典集会广场的周围，以便给居民带来阴凉。

属：杨属

科：杨柳科

目：杨柳目

该属下含种数：35

何处寻？

银白杨的适应性非常强，它能够耐受城市污染，当环境条件不佳时它则生长为小灌木状。在理想状态下，它更偏好阳光照射和肥沃湿润的土壤。

平均寿命

百来年。

生长速度

相对较快（大约 20 年长 15 米）。

外形特征

这是乡野间颜色最为雪白的树木；它可以长得很高，但从来不直，枝条总是随性地肆意生长；银白杨会发出大量的根蘖。

① **叶**

初生时背面覆盖茸毛，但正面没有；嫩叶时呈边缘有锯齿的心形，小小的，而衰老时叶缘出现深裂（6 厘米到 12 厘米长），叶片或多或少地呈三角形。

② **枝**

颜色非常洁白。

③ **树皮和木材**

树皮在很长时间之内都是灰色，有白色斑点，几近光滑；老树树干颜色会变黑；木材白色，泛黄色，质地轻，但也多结节；常用于工业生产，特别是商品包装上。

④ **芽**

短而粗，覆盖有一层白色的茸毛。

⑤ **花**

雄花序长方形，覆盖着一层米色的茸毛，花朵密集，带有边缘锯齿状的紫红色鳞片；雌花序更为纤长，呈黄色。

果实

蒴果，卵圆形，无毛。

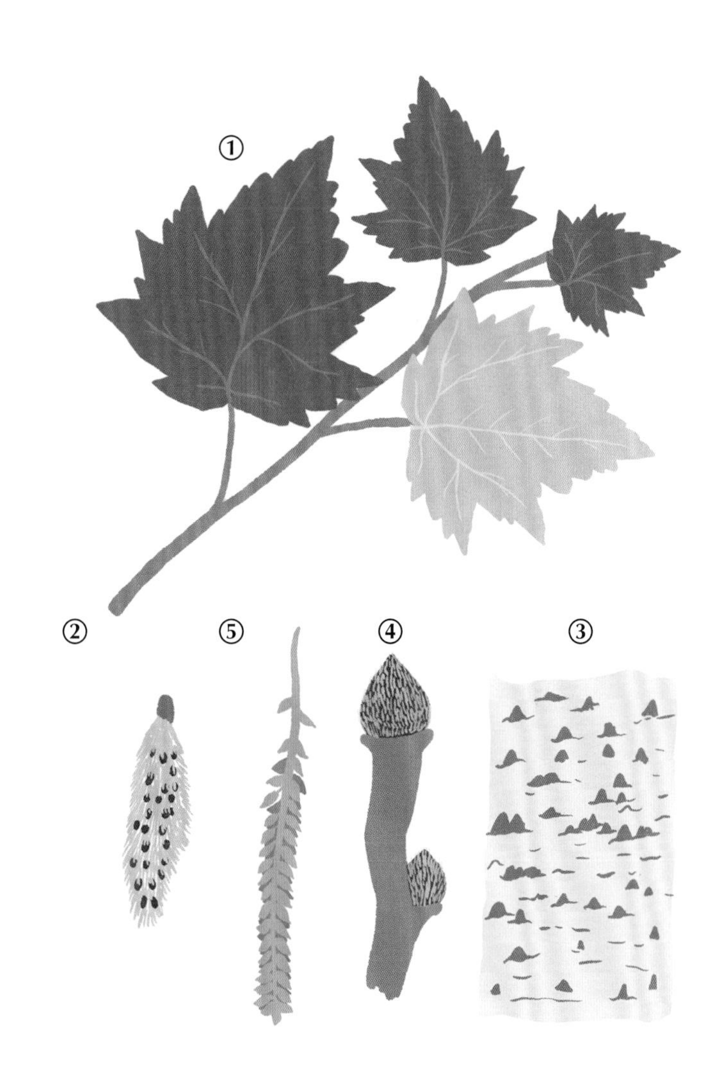

杨树事件

1976 年，一株平凡普通的杨树差点挑起了一场战争。那时，在韩国与朝鲜之间的非军事化地带，几个美国士兵用斧子砍下了一株阻挡视线的杨树。朝鲜的士兵将此视作对方的进攻行动，从而朝他们进行攻击：两个美国军官因此丧生。

Prunus persica

桃

科莱特[23]写道：“初生的桃树，带着一层微醺的粉红色，树梢间繁花盛开。”除却明艳的花朵之外，这种柔弱小巧、寿命极为短暂的树木，还给我们带来了天地万物间最为甘甜的果实。需要注意的是，与流行的说法不同，油桃来源于桃树在自然状态下的变种：马克西姆油桃。

属：李属[24]

科：蔷薇科

目：蔷薇目

该属下含种数：超过 400 种

何处寻？

桃树原产于中国北方和蒙古国。从印度、波斯到后来的欧洲都逐渐种植了这种小型树木。桃树喜爱疏松凉爽、排水性能优良的土壤，不适应钙质土壤。

平均寿命	生长速度	外形特征
20 年。	快。	树形小巧，树冠宽阔（2 米到 6 米之间），常靠墙生长。

① 叶

椭圆形或披针形；叶面狭窄，由一根短柄连到枝条上。

② 枝

近乎红色，纤长。

③ 树皮和木材

树皮灰色，光滑；木材粉红色，有酒红色的纹理，从前被用于细木镶嵌工艺。

④ 芽

覆盖有相互交叠的鳞片。

⑤ 花

5 片浅粉红色的花瓣，花朵集为伞房花序，或单生。

❻ 果实

果实即为我们常说的桃，果皮覆盖茸毛，有一个表面皱巴巴的大果核。

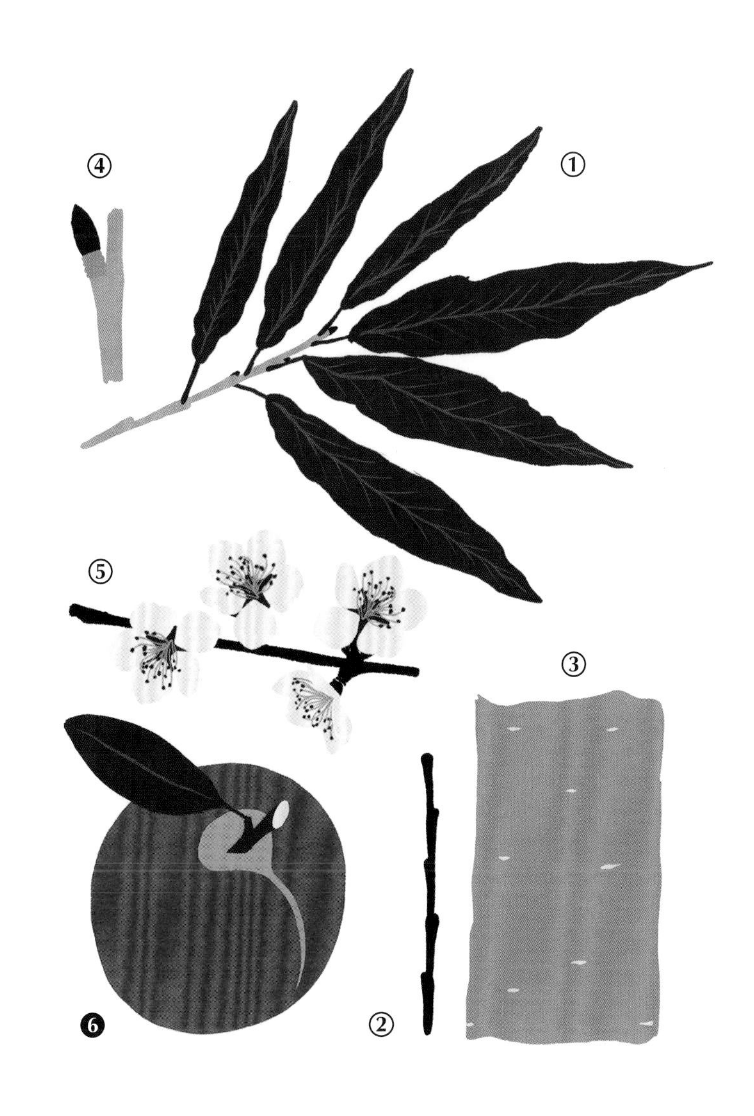

波斯苹果

古希腊人和古罗马人坚信，桃只不过是一种来自波斯的苹果。因此，桃在过去很长时间内都被称为苹果。不过桃树的确来自那片土壤：是波斯人首先为收获其果实而种植桃树的。

Quercus ilex

冬青栎

冬青栎的树叶形态让人很自然地联想到冬青！但这一种小灌木是通过与栎树的比照才最终确定名称的。在法语中，冬青栎还被称作为 yeuse，这是奥克方言中 Euze 的借词，而 Euze 这个单词本身又源于拉丁词 ilex 的变形形式 Elex，ilex 的意思也就是——冬青。

属：栎属

科：壳斗科

目：壳斗目

该属下含种数：大约 250 种

何处寻？

冬青栎适应能力强，能耐高温和干旱。尽管在一定程度上更偏好钙质土，对土壤条件也没有特殊而严苛的要求。野生的冬青栎是给猪增肥的好食物。

平均寿命

1000 年。

生长速度

非常慢（20 年长 3 米）。

外形特征

树冠浓密，光线难以透过，有着粗大的、呈锐角分支的枝条，树干笔直；极少有冬青栎可以长到 30 米高。

❶ **叶**

常绿，革质，深绿色，常带刺，让人联想到冬青的叶片。

② **枝**

枝条覆盖着一层棕色的茸毛，细而直。

③ **树皮和木材**

树皮深棕色，趋近于黑色，有细细的裂纹；木材非常坚硬沉重，质地极为均一，是各类栎树木材中最好的那种。

④ **芽**

就顶芽而言，非常小且为纤维质。

⑤ **花**

几乎肉眼不可见，但在数量上却没有因此让步，挂在枝条顶端形成黄绿色的柔荑花序。

⑥ **果实**

橡实[25]长长的（达 4 厘米），纤细，红棕色，外面浅黄褐色的壳斗比里边的果实短得多。

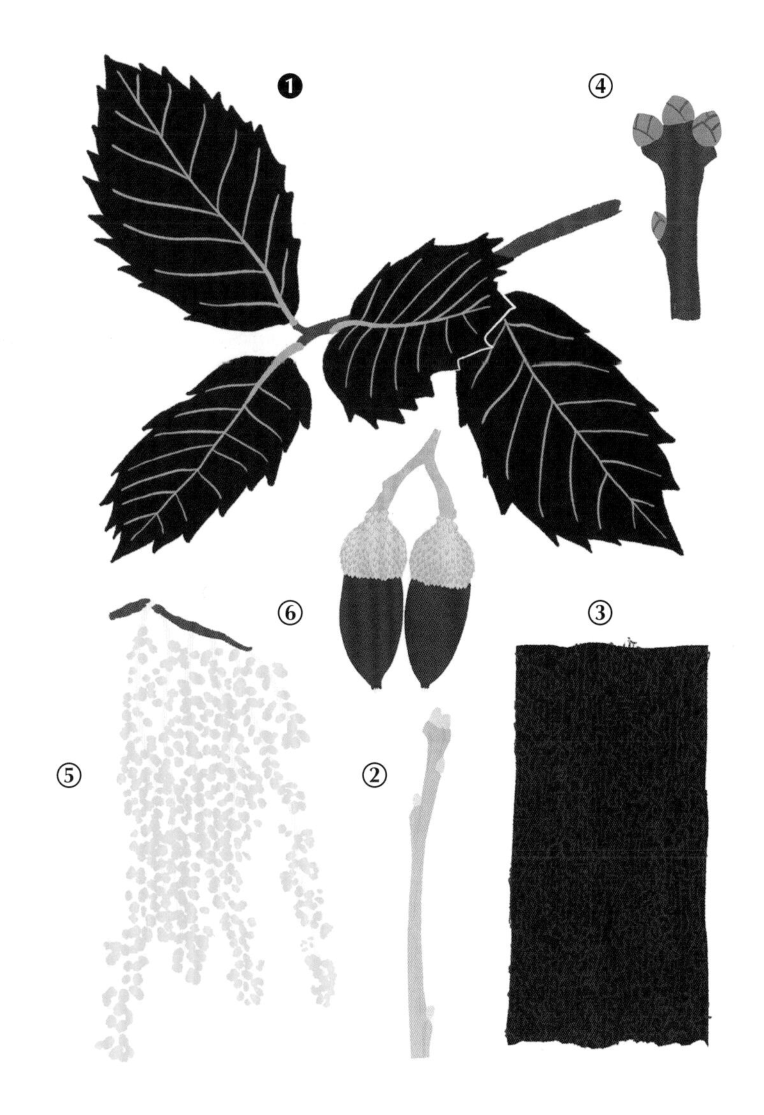

猪的美味

这种小栎树常生长在山间，其橡实受到了猪的十足追捧。甚至还有一句十分贴切的德国谚语：最美味的火腿长在栎树上。

Quercus robur

夏 栎

在古罗马时期，人们相信栎树上住着哈玛德律阿得斯八姐妹（Hamadryades）等森林仙女。那时，栎树是献给宙斯的树木，带有多种重要的象征性作用，若无特许禁止砍伐。

属：栎属

科：壳斗科

目：壳斗目

该属下含种数：大约 250 种

何处寻？

夏栎一般生长在阔叶混交林或牧场中。它强健的外形十分显眼，能适应狂风天气和各类土壤条件。在深厚、凉爽、潮湿而富含矿物质的土壤中，夏栎能达到最佳生长状态。

平均寿命	生长速度	外形特征
300年到1000年之间，也有长于1000年的情况。	慢（大约10年长4.5米）。	树叶成簇生长，枝条弯曲粗壮，树冠平坦，树干直而短，给人一种强健有力的印象。

❶ 叶

常绿，叶片朝上生长，与枝条间呈60度夹角，叶缘裂片不规则，叶柄非常短，因此易于辨认。

② 枝

树枝顶端有芽聚集生长。

③ 树皮和木材

树皮棕灰色，随着年龄的增长会出现深裂，形成众多小而凹凸不平的裂片；木材坚硬，质地十分优良，有多种用途，也就更加出名而珍贵；边材深米色，心材棕色，上有非常明显的髓射线。

④ 芽

卵圆形，橘黄色，聚集在枝条顶端生长。

⑤ 花

夏栎是一种雌雄同株的植物，同一植株上生有雌、雄两种单性花；雄花序黄色，下垂，雌花序也下垂，在长柄顶端形成柔荑花序。

⑥ 果实

橡实为卵圆形，两两伴生，秋季成熟。

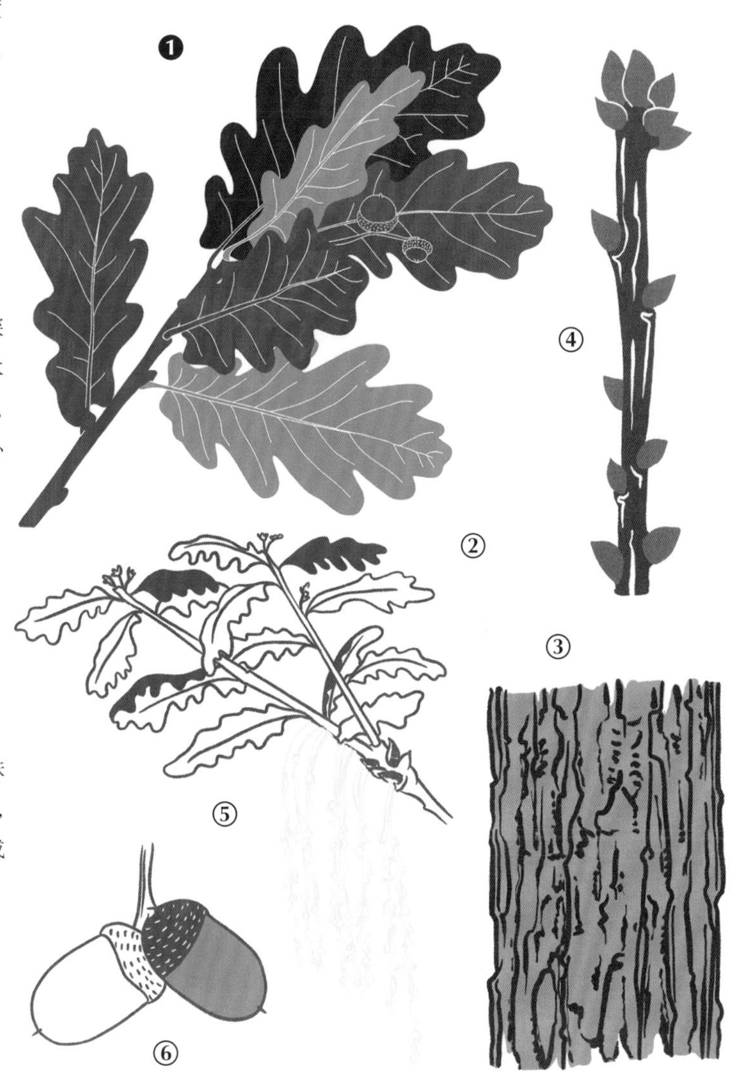

栎树：献给英雄的冠冕

在古希腊、古罗马时期，人们会为奥林匹克运动会的胜者献上橄榄花环，而对于角斗场上的胜者，则是献上象征着凯旋与胜利的月桂花环。至于用栎树枝叶做成的花环，则是一种“公民冠”：它被献给杀掉侵略者、保护罗马居民的人。

Quercus rubra

北美红栎

这是栎属中长得最快的树种之一。另外，它十分易于移植，能耐寒和抵抗城市污染。秋季来临，北美红栎会染上一层美丽的颜色，因此是一种受欢迎的装饰性树种。

该示意图为秋季叶片的情状

属：栎属

科：壳斗科

目：壳斗目

该属下含种数：大约 250 种

何处寻？

北美红栎喜欢生长在牧场中或物种丰富的森林中。它偏好疏松、富含钙质而酸性不过于强的土壤。无论是否情愿，它都默默耐受着城市污染。老树会引来闪电。

平均寿命	生长速度	外形特征
200 年。	相对较快。	北美红栎树形宽阔，但要比它的栎树近亲更矮（20 米高，而其他树种可达 30 米高）。这是一种精巧的树木，与其他栎树种类相比，它的枝条更直。

❶ 叶

叶片大（长约 20 厘米），叶缘裂片尖锐，尖端长；正面深绿色，背面蓝绿色，秋天会变为耀眼的鲜红色。

② 枝

无毛，灰色，纤细。

③ 树皮和木材

北美红栎的树皮富于变化，它在很长一段时间之内呈灰色且光滑，但后来会或多或少地开裂；木材沉重，质地粗糙，较柔软。

④ 芽

褐色，覆有鳞片，顶端有少量的茸毛。

⑤ 花

雄花序相当长，黄绿色，下垂；雌花两两伴生，红色，小小的，卵圆形。

⑥ 果实

橡实为圆形，较大（约 2.5 厘米），顶端圆润，底部尖；成熟需要两年。

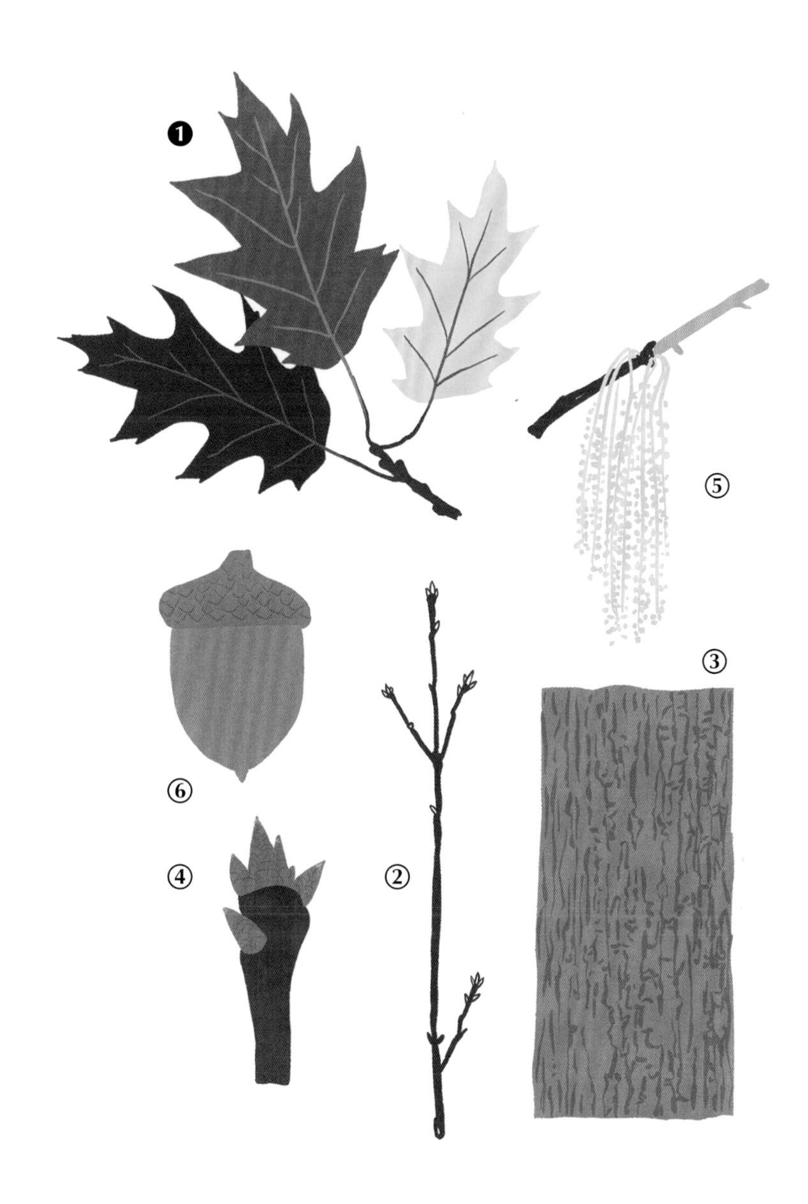

万能栎木

与别的栎树相比，北美红栎的木材是最重要的木材之一。我们可以用它来制造木地板、家具、铁轨枕木、围栏、桅杆、路面铺设材料、房梁甚至是车轮的辐条。

Quercus sessiliflora

无梗花栎

无梗花栎还有一个异名[26]：Quercus petraea，来自拉丁词 petraeus，意为“石头”或“岩石”。这代表着无梗花栎的木材质量已久负盛名。如今，它仍是一种十分受欢迎的实木，用于制作楼梯、门窗，还有小木船和酒桶。

属：栎属

科：壳斗科

目：壳斗目

该属下含种数：大约 250 种

何处寻？

无梗花栎对晚期霜冻十分敏感，但仍不失为一个高傲的男子汉：它能抵抗干旱，耐受城市污染，高温对于它来说反而是项有利条件。无梗花栎在钙质土中长势良好，但更偏好酸性而黏土质的土壤。

平均寿命	生长速度	外形特征
00 年。	相对较慢（20 年长 10 米）。	树冠形状规则，树干纤细而笔直，枝条与夏栎相比更直。无梗花栎很容易形成大型的乔木林。

① 叶

叶片长（大约 10 厘米），有长柄，叶缘裂片多、浅而顶端圆润；呈较浅的绿色。

② 枝

银色，与夏栎相比更直。

③ 树皮和木材

树皮棕灰色，龟裂严重，成鳞片状剥落；木材坚硬，髓射线十分明显，与夏栎相比质地更为均一，因此使用频率更高。

④ 芽

小，卵圆形，橘黄色。

⑤ 花

雌雄花序都直接生于枝上；当年生的柔荑花序长长的，呈黄绿色，下垂。

❻ **果实**

小球状，于嫩枝顶端成簇生长。被称为“无梗花栎”是因为它的果实无果柄，直接附着在枝条上。

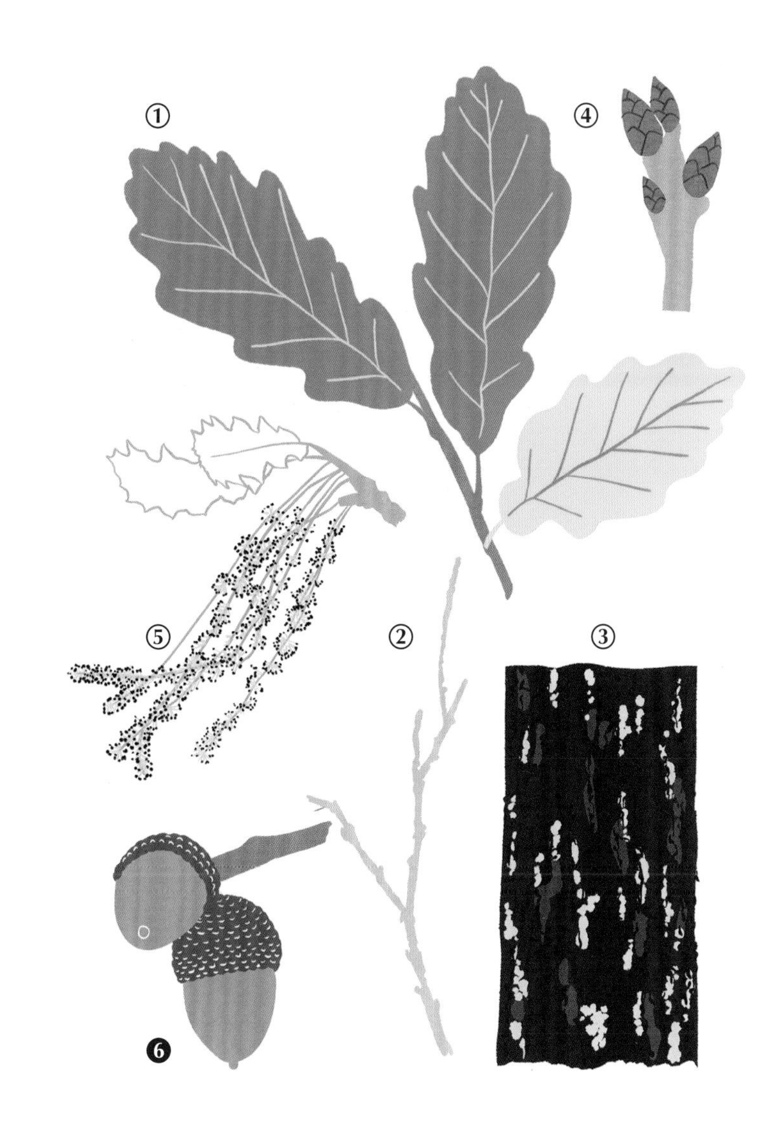

皮革与药物

无梗花栎的树皮富含单宁，因此在制革业中占据了重要地位。在皮革的鞣制工序中，自树皮提取出的单宁能赋予皮革持久性与对生物降解的抵抗性。橡木皮也是从它的树皮中获取的，这是一种治疗慢性皮肤病的药物。

栎树叶

各种栎树叶的形状和颜色有很大差异。

西班牙栓皮栎
沼生栎
柔毛栎
无梗花栎
舒氏红栎
比利牛斯栎

Sorbus aria

白毛花楸

这是一种常被种植在市中心或高速公路边缘的树木。它能耐受一切不良条件：干旱、强风以及污染。花楸树可以在其他树木难以生存的地方扎根，为人们带来一片片空气新鲜的城市绿岛。让我们对它带来的清新心怀感激，并继续我们的旅程，一同探索花楸树果实的利用价值吧。

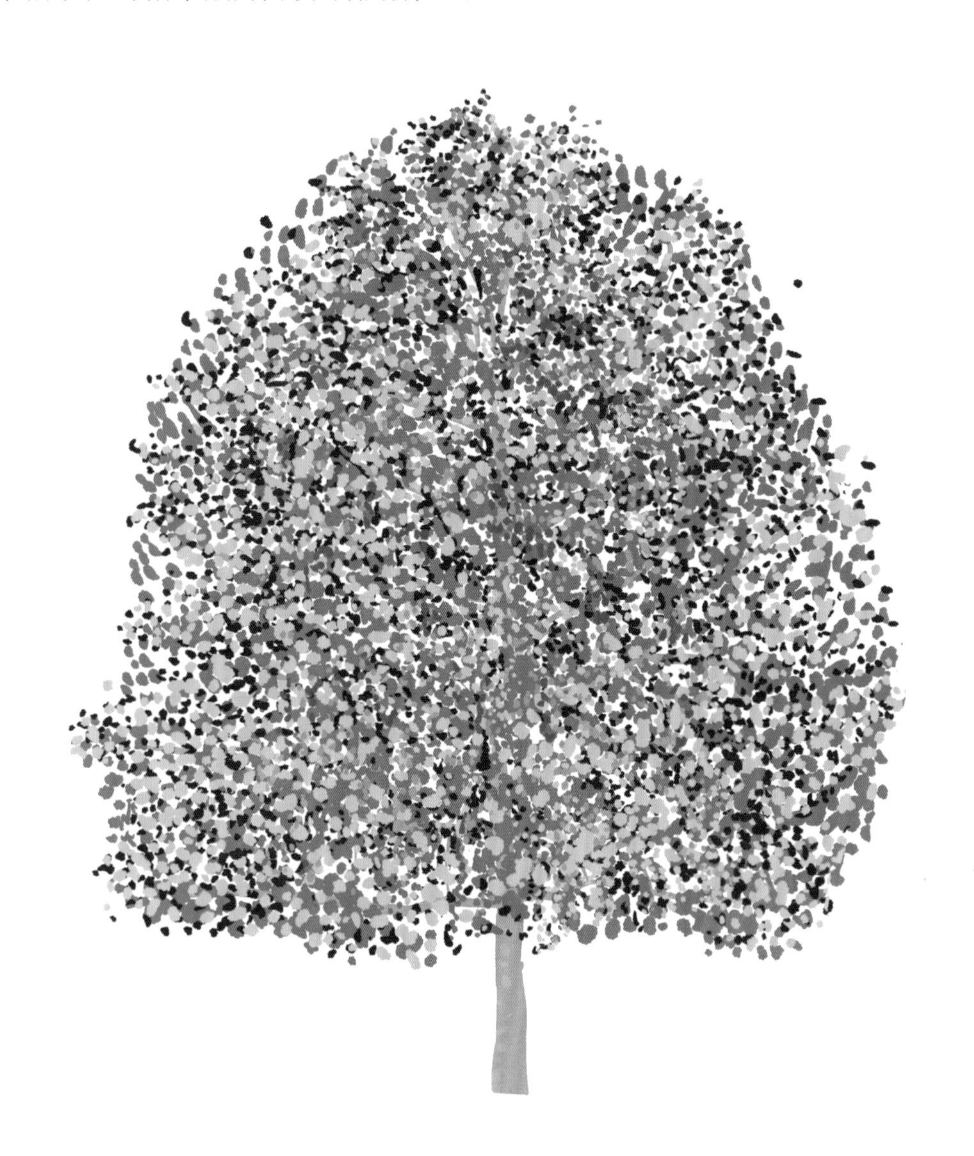

属：花楸属

科：蔷薇科

目：蔷薇目

该属下含种数：超过 80 种

何处寻？

白毛花楸热爱给自己裹上一层金色。它喜阳，夏季时更喜欢干旱的环境条件。抗强风、抗城市污染，能适应所有性质的土壤。它可能是最易成活的树木吧！

平均寿命	生长速度	外形特征
短于 100 年。	慢。	树干笔直，树冠狭窄；树顶枝叶相当浓密。

① 叶

叶缘完整无裂片，有双层锯齿，正面绿色，背面泛白，且布满茸毛。

② 枝

在阳光照射下呈橘红色，而在阴影中呈浅灰色。

③ 树皮和木材

树皮灰色，光滑，纵向有裂片；木材沉重而坚固，白色，过去被用于制造各类工具，特别是磨坊里的农具。

❹ 芽

非常有特点，绿色的鳞片上覆盖有白色的茸毛。

⑤ 花

两性花，白色，密密麻麻地成簇生长。

⑥ 果实

花楸果长得像咖啡豆；果皮有茸毛，原来的花萼仍残存在果实顶端；果味略酸。

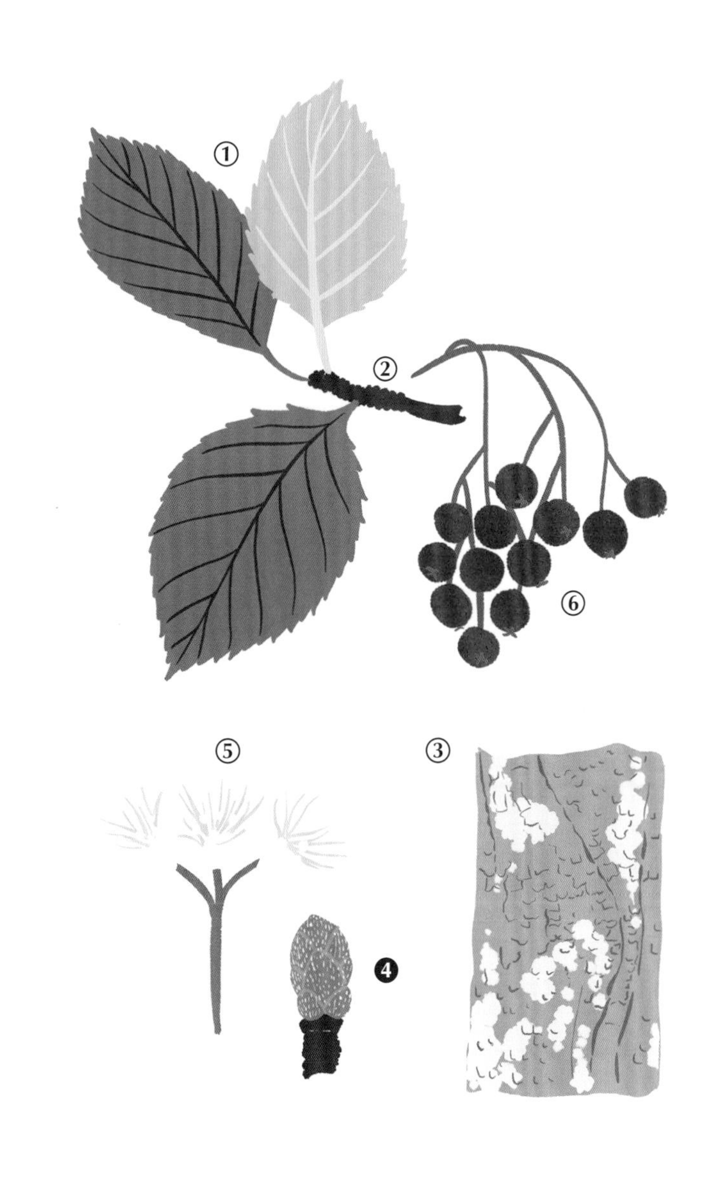

治疗腹泻的良药

花楸树的浆果因有着治疗腹泻的功效而著称。其中效果最好的是驱疝花楸（Sorbus tominalis）：tominalis 这个拉丁词意即“有利于治疗腹泻的”。在一些民间偏方中，晒干了的白毛花楸果被用于治疗咳嗽与卡他性炎症。

Sorbus aucuparia

欧亚花楸

从属于蔷薇科的花楸属下含两种十分相近的亚属：复叶花楸和单叶花楸。它们的区别在于，前者的叶片为复叶，后者的叶片为单生叶。

该示意图为秋季叶片的情状

属：花楸属

科：蔷薇科

目：蔷薇目

该属下含种数：超过 80 种

何处寻？

这是一种喜爱凉爽与湿润的树木。干燥的夏季让它倍感不适，但它完全能适应贫瘠的土壤。在2000米以下海拔高度的空旷森林或草场边缘可以看到它的身影。

平均寿命

少于 100 年。

生长速度

相对较慢（20 年长 8 米）。

外形特征

这是一种小型树木，很少超过 10 米高；枝条均直立，树冠或多或少地呈现球形。欧亚花楸极耐寒，几乎可以在任何地方生存，甚至在高低不平、坑坑洼洼的土壤中也能生根发芽。

① 叶

为 6 到 10 片小叶组成的复叶，长得很像戛纳金棕榈奖杯，叶缘有锯齿，顶端的小叶与别的小叶相比稍小些；秋季来临时，叶片颜色会变红。

② 枝

红棕色，初生时覆有茸毛，而后变光滑。

③ 树皮和木材

树皮灰色而光滑，横向有条纹状的皮孔；边材略带珊瑚红色，心材为深棕色；木材坚硬沉重，除了制成小型木雕，利用频率不高。

④ 芽

纺锤形，被覆灰色的长茸毛；带有紫灰色的鳞片。

⑤ 花

形成大型的伞房花序，花朵为米白色。

⑥ 果实

花楸果为鲜红色的浆果，味酸涩。

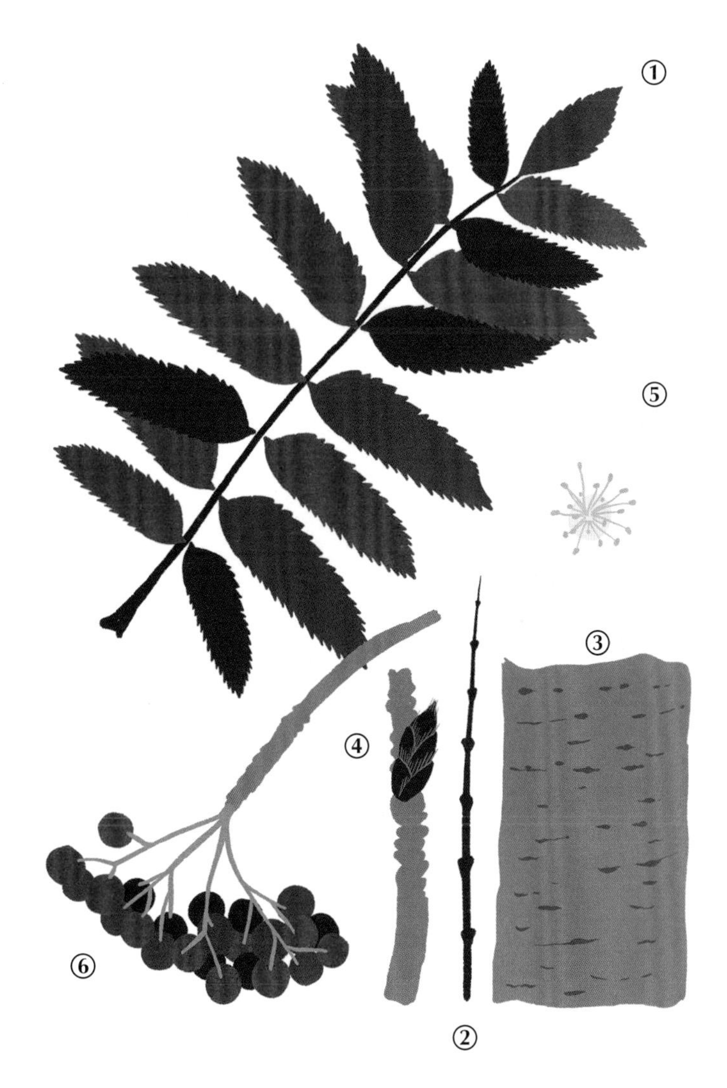

花楸果：鸟类的最爱

花楸树的浆果受到了鸟类的十足追捧，它也因此成了蔷薇科中传播最广的种类，并收获了别名：捕鸟树。鸟类热心地散播花楸树的种子，帮助它们繁殖扩散。

Betula papyrifera

北美白桦

北美白桦常被用于制作小船小艇，这是因为它的树皮能够防水，从前就曾被美洲印第安人用于制造独木舟。另一个特征是：北美白桦的花为单性花，且它是一种雌雄同株植物，也就是说，一株北美白桦既有雄花又有雌花。

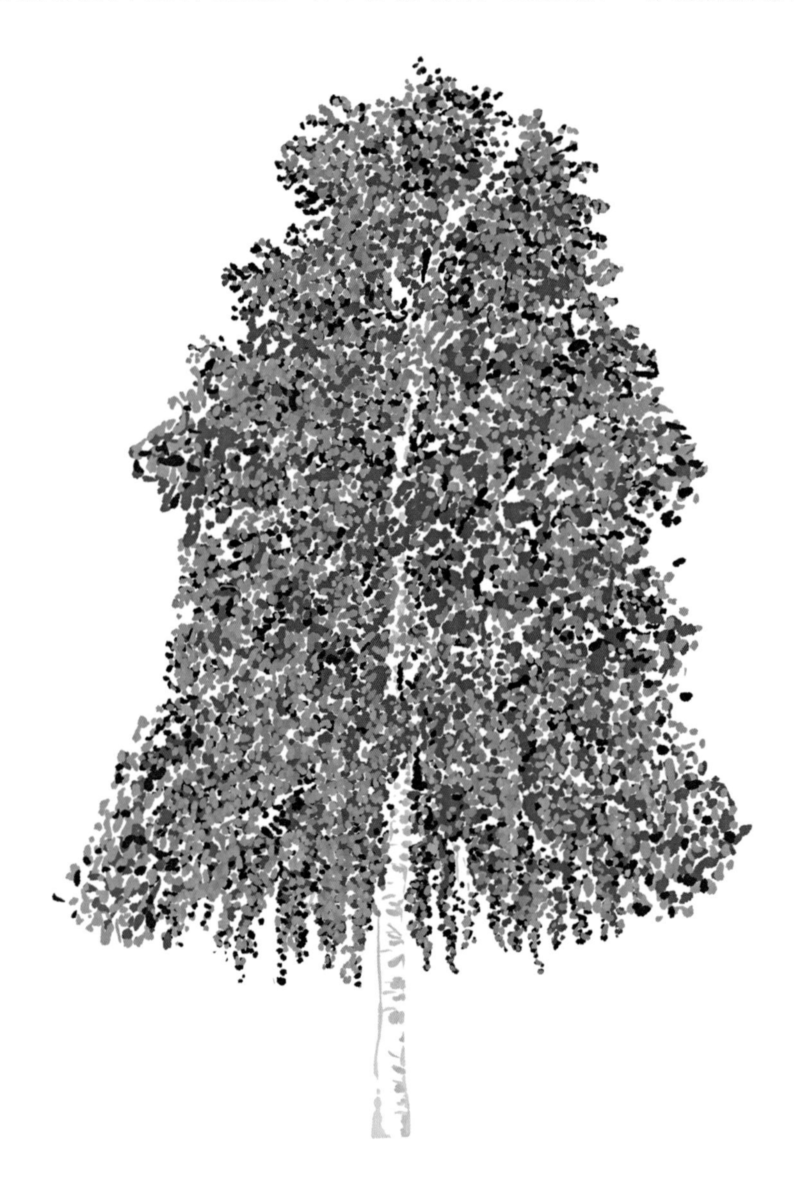

属：桦木属

科：桦木科

目：壳斗目

该属下含种数：大约 50 种

何处寻？

北美白桦是北美、加拿大和格陵兰岛的特有物种。它能够适应各种性质的土壤，但格外喜欢阳光照射的环境。这种树皮洁白、树叶优美而具有乡野风情的树木能够捕捉阳光，给林下灌木丛带来了不少光亮。

平均寿命

百来年。

生长速度

相对较快（20 年长 12 米）。

外形特征

这是一种生长旺盛的树木，树形蓬乱；枝叶伸展得开阔而稀疏，从而能让光线从中透过。

① **叶**

有大量不完全平行的叶脉，叶片宽大，背面有小黑点；叶柄被覆茸毛。

② **枝**

银棕色，多结节。

❸ **树皮和木材**

树皮为亮闪闪的白色，横向会有片状剥落，防水；木材白色，质地轻，是一种很好的燃料。

④ **芽**

锥形，小，绿色，边缘棕色。

⑤ **花**

雌花近乎绿色，生于枝条顶端；雄花大小为雌花的两倍，近乎棕色。

⑥ **果实**

种子小而带翅，呈圆柱状聚生，成熟时会自其上脱落。

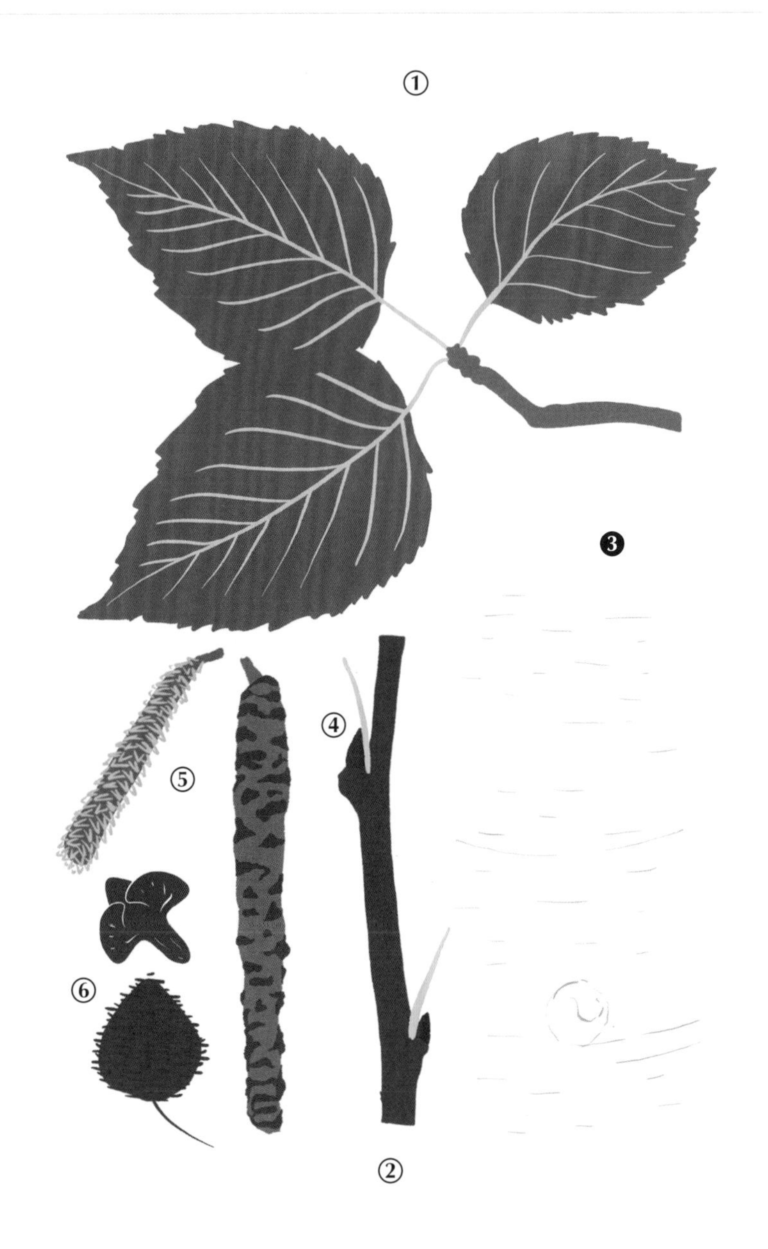

多功能树皮

在北美白桦的各部分中，对人类有切实用途的尤为其树皮：人们除了用这种白桦来制作小艇之外，也制造各类容器；它还拥有完美的绝缘性能。

Betula pendula

疣皮桦或称垂枝桦

桦树全身都是宝：木材、树皮、汁液、叶片！而几个世纪以来，人们学会了从这种特征明显的树木上获取它最为宝贵的部分：即枝条上的白色疣状结节，这也是它名称的由来。

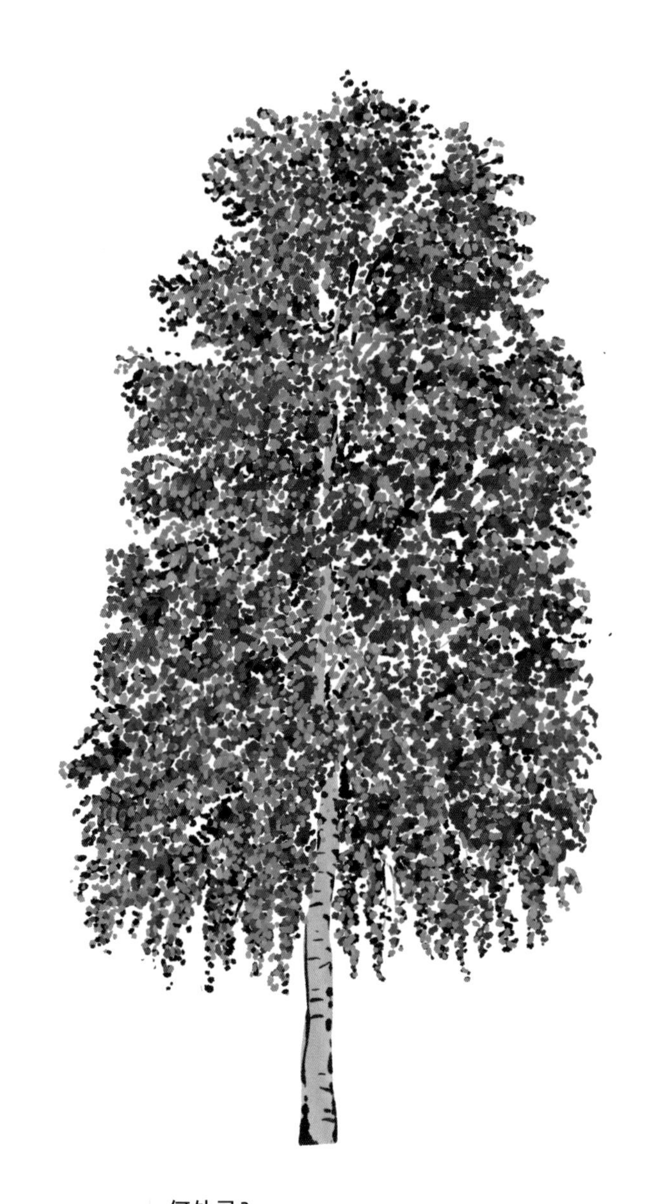

属：桦木属

科：桦木科

目：壳斗目

该属下含种数：大约 50 种

何处寻？

从西伯利亚大草原，经过伊朗北部和斯堪的纳维亚半岛，直到法国森林，都能看见疣皮桦的身影。它喜欢生长在稀疏空旷的森林、开阔的草场或是荒原旷野之上。这是一种具有较强适应性的树木，能适应各种性质的土壤，并能抵抗干旱。

平均寿命	生长速度	外形特征
很少能超过 100 年。	快（20 年长 12 米）。	特别是在老树上，疣皮桦的枝条呈下垂状，它也因此被别称为垂枝桦；树干白色，横向有条状的黑色皮孔，让人能够很轻易地辨认出它来。

① 叶

叶片呈三角形，小（3 厘米到 7 厘米），叶缘有双层锯齿，秋季会染上一层闪闪发光的金色。

② 枝

覆盖鳞片，几乎不含树脂，上有小型的白色斑点。

③ 树皮和木材

树皮初生时为棕橘色，有金属光泽；而后转为乳白色，带有菱形的斑点和黑色的条纹。

④ 芽

小，顶端尖，锥形或卵圆形。

⑤ 花

生于枝条顶端；雄花序下垂，粉红色，雌花序更短，苹果绿色，只在春天出现。

⑥ 果实

小小的圆柱形复果，后期有着鳞状小翅的果实会自其上剥落。

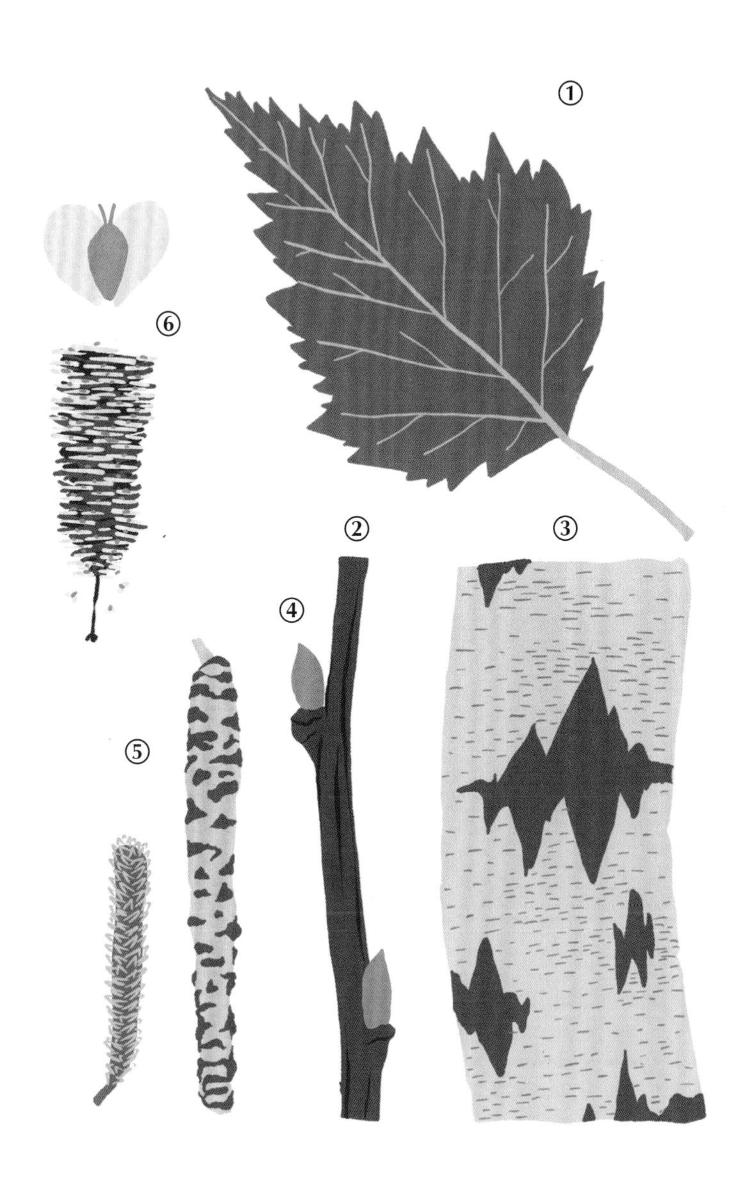

如同瑞士军刀一般的万能树

疣皮桦的嫩枝是制作扫帚柄的理想材料；其树皮被用于建造房顶、制鞋或生产羊皮纸；自这种树皮中提取出的桦焦油可以制造黏合剂或口香糖；人们把它的汁液制成饮料，有含酒精的，也有不含酒精的，能治疗多种疾病；而疣皮桦的树叶则被拿来泡水喝，具有利尿的功效。

Cupressus sempervirens

地中海柏木

想辨认出真正的柏木，要看球果的大小。柏树象征着永生，尤其是地中海柏木，它常被种植在墓地里。柏木的木材几乎永不腐烂，很长时间都被用于制造法老墓中的棺材。

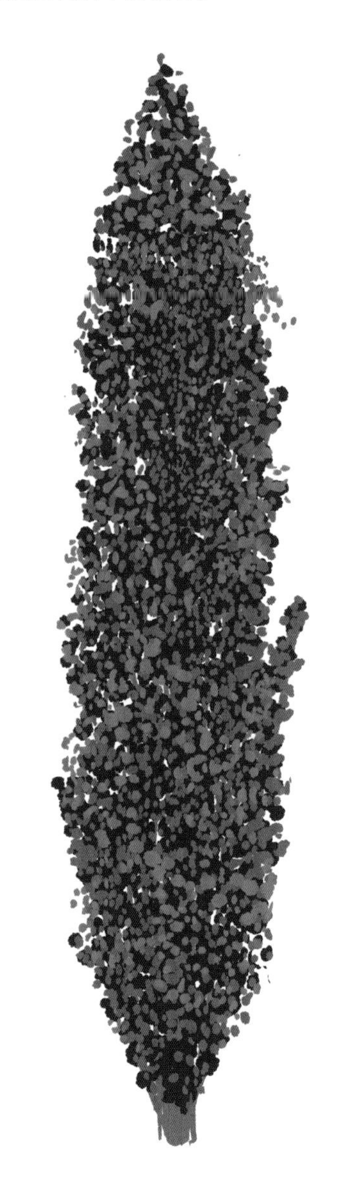

属：柏木属

科：柏科

目：松柏目

该属下含种数：大约 20 种

何处寻？

它需要阳光，很多很多的阳光，还需要温暖的环境和疏松钙质的土壤。野生地中海柏木可以在 1300 米以上的海拔高度生长。从克里特岛、普罗旺斯，直到整个地中海东部地区和伊朗北部，都可以看到它的身影。

平均寿命

500 年。

生长速度

相对较慢（20 年长 10 米）。

外形特征

地中海柏木有着长刷状的外形，枝条短而直立，因此易于辨认，它也是托斯卡纳地区[27]的代表性树种；人们将地中海柏木的枝叶形态描述为“帚状”。

① 叶与枝

叶片呈小格子般的鳞片状（1 毫米到 2 毫米长），覆盖在枝条上；摩擦枝条时，它会散发出一股强烈的树脂气味。

② 树皮和木材

树皮棕灰色，纵向开裂；木材浅棕色，香气宜人；人们用它来制作橱柜内部的胶合木板……以及教皇的棺材板。

③ 花序

雄球花非常小，有着一束能散发大量花粉的雄蕊；雌花序为团伞花序，小，有肉质鳞片。

④ 球果

球形（直径 3 厘米），有着顶端圆润的鳞片。

多种用途

在地中海沿岸地区，菜农种植柏树来抵挡强风。如此生态环保，简直令人惊叹！而柏树的球果也被用在植物芳香疗法中，以缓解痉挛性咳嗽。

Eucalyptus globulus

蓝　桉

蓝桉有可能是世界上长得最高的树木之一。其高度能达150米！单株树木的最高纪录由一棵杏仁桉保持，为155米。

属：桉属

科：桃金娘科

目：桃金娘目

该属下含种数：超过500种

何处寻？

蓝桉原产于澳大利亚，它不喜欢钙质土壤，偏好凉爽而潮湿的环境。这种树木在地中海沿岸地区极其常见，需要丰富的阳光照射，但久旱或极寒都会影响它的正常生长。

平均寿命	生长速度	外形特征
250 年。	极快（一年可以长高不止 1 米）。	树冠离地高，圆形或锥形，枝条非常浓密，树干一般笔直；这是一种很容易高达 40 米的树木。

❶ 叶
蓝桉叶有两种形态：幼叶为卵圆形，柔软，银白色；成熟叶非常狭长，呈披针形，革质（树龄达 5 年后大部分叶片均为成熟叶）；成熟叶的颜色也要更深一些。

② 枝
纤细，浅褐色。

③ 树皮和木材
初生的树皮为红棕色，会迅速呈长条状剥落，而后树干呈白色，且光滑；木材黄灰色，沉重坚固而耐用。

④ 花
为白色的大型花朵，花上有一束雄蕊。

⑤ 果实
大型的 4 棱球状蒴果，蓝桉拉丁种名便来自此。

芽
单生，极大。

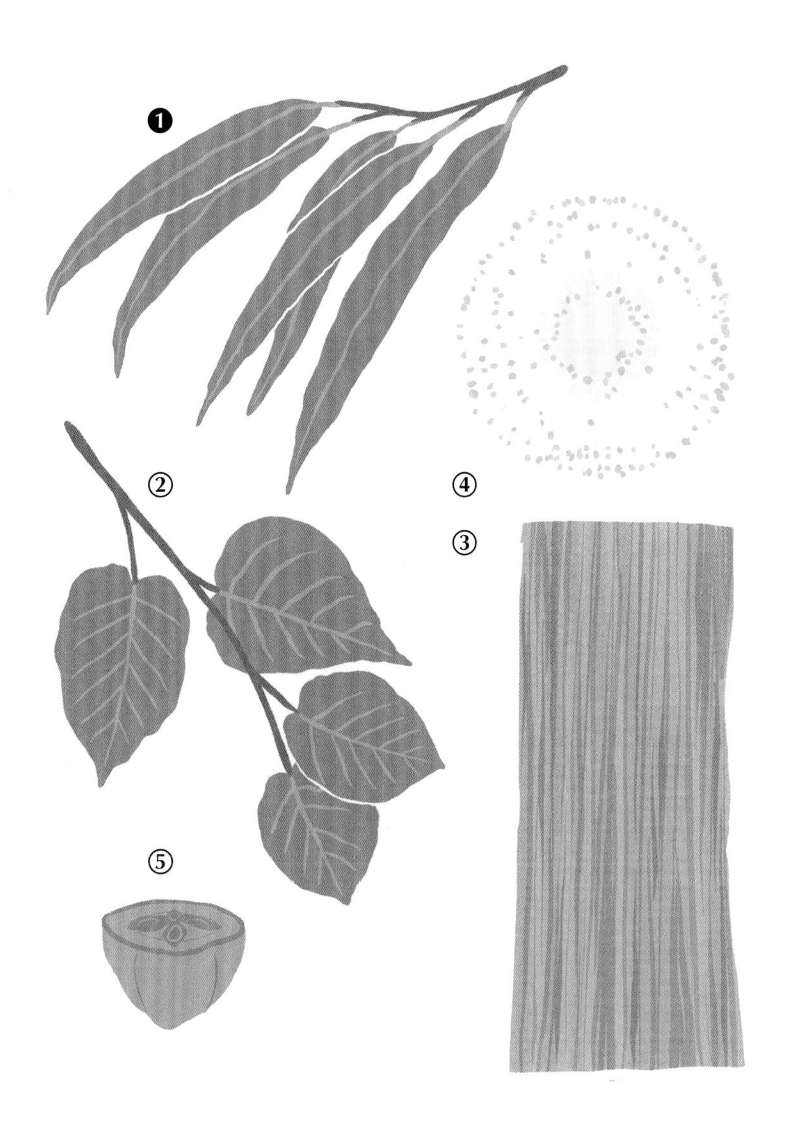

微型金矿
在加利福尼亚的淘金热时期，人们种植桉树以防治疟疾：这种树木能通过吸收积水的方式来净化沼泽土。可除此之外，桉树还能用根系从土壤中吸收贵金属，尽管每枚叶片中的金属含量不会超过其重量的 0.000005%！

Juglans regia

胡　桃[28]

自古希腊、古罗马时期以来，人们就开始种植胡桃树。古罗马人将其称为“王室胡桃”。想必它的拉丁学名 Juglans regia 就来源于此：regia 意即“王室的”。在亚洲、欧洲和美国，人们很珍视胡桃树，并将其视作祖先留下来的珍贵遗产。法国格勒诺布尔地区的胡桃树享誉全球。

属：胡桃属

科：胡桃科

目：胡桃目

该属下含种数：15 种

何处寻？

胡桃树需要充足的生长空间与阳光照射。它喜爱肥沃、钙质而适度湿润的土壤。它提供了一片柔和的阴凉，让田野中劳作的人们可以美美地睡个午觉。胡桃树在生长初期对霜冻敏感，并且森林动物也酷爱这种树木，因此应该施加一定的保护措施。

平均寿命	生长速度	外形特征
几百年。	相对较慢（20 年长 7.5 米）。	枝条粗壮，树干笔直且呈柱形，树冠轻盈、开阔而壮观，在夏天投下一片无可比拟的阴影，给午睡者带来一段好眠。

① 叶

卵圆形，革质，叶缘无锯齿；摩擦时会散发一种强烈的特征性气味，类似于热皮革或鞋油；成簇生长，由 5 到 10 片小叶组成复叶；复叶的顶端小叶最为宽大，长度可达 20 厘米。

② 枝

粗壮有力，几乎无毛，棕色，有光泽；带有心形的叶痕。

③ 树皮和木材

胡桃树的树干呈柱形，树皮银白色，十分柔软；随着年龄的增加，树皮会出现深裂纹，颜色变得越来越灰蒙蒙的。边材黄色，心材灰色（虽说时常带有黑色条纹），木材沉重而质密；常为细木工匠所利用。一位技艺高超的手艺人能够将胡桃木抛光至令人惊艳的程度。

④ 芽

小而粗，覆盖着两枚棕色的鳞片。

⑤ 花

雄花序黄绿色，长而下垂（5 厘米到 10 厘米）；雌花序近小球状，绿色，直径约 5 厘米。

⑥ 果实

经过一个漫长而炎热的夏季之后，胡桃终于成熟；青皮胡桃还会覆盖有一层绿色而柔软的果皮。

一种“广为流传”的毒药

需要注意的是，在胡桃树的周围不应该随便栽种别的树木。胡桃树的根部含有一种叫作胡桃醌的有毒物质，会对苹果树等果树造成损害。很久以来，不少民间药方中也用到了这种“毒药”。

Populus nigra 'Italica'

钻天杨

这种形似立柱的杨树是黑杨的一种特殊栽培种。它的树冠呈帚状，并且，随着时间流逝其枝干内部会逐渐中空。这一特点使得它更加柔韧，从而能够抵御强风。

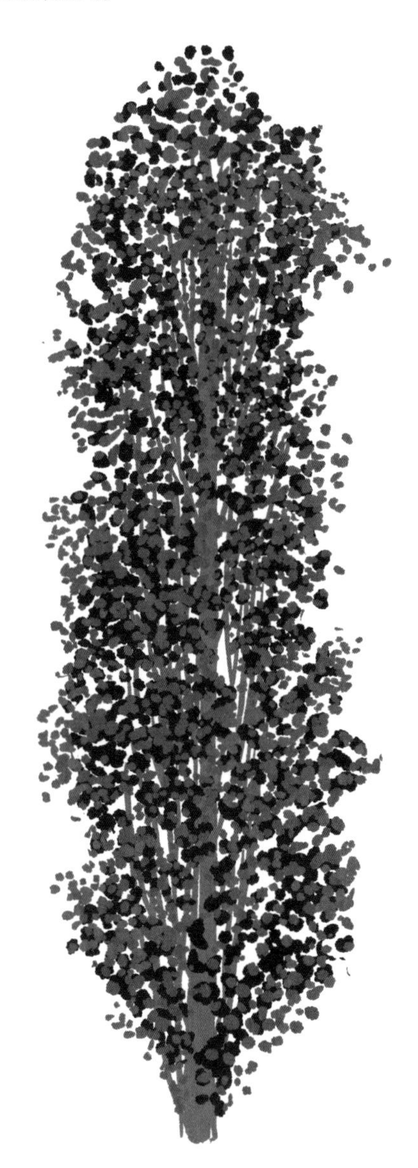

属：杨属

科：杨柳科

目：杨柳目

该属下含种数：35 种

何处寻？

钻天杨喜欢在靠近水源的地方生长，例如池塘边或者大河两岸。它还喜欢多沙石或浸水的黏质土壤，土质须得肥沃而深厚。钻天杨对钙质土也不排斥。随着年纪增长，它会很容易折断。

平均寿命

300 年。

生长速度

快（20 年长 13 米）。

外形特征

既像一根巨大的羽毛，也像一支画笔的笔刷。

① 叶

相当小，菱形，顶部尖端长；叶缘有非常细小的锯齿。

② 枝

无毛，黄色，呈完美的柱形。

③ 树皮和木材

树皮深灰色，形成后会迅速开裂；木材质地轻，十分耐用，常用于制造建筑材料，尤其是胶合板。

④ 芽

小，顶端尖，黏稠，很像微型洋蓟。

⑤ 花

钻天杨为雌雄异株植物，先叶开花；雄花形成红色而下垂的穗状花序；雌株的花序为绿色。

果实

为绿色的蒴果，从中会脱落出毛茸茸的、随风飘散的种子。

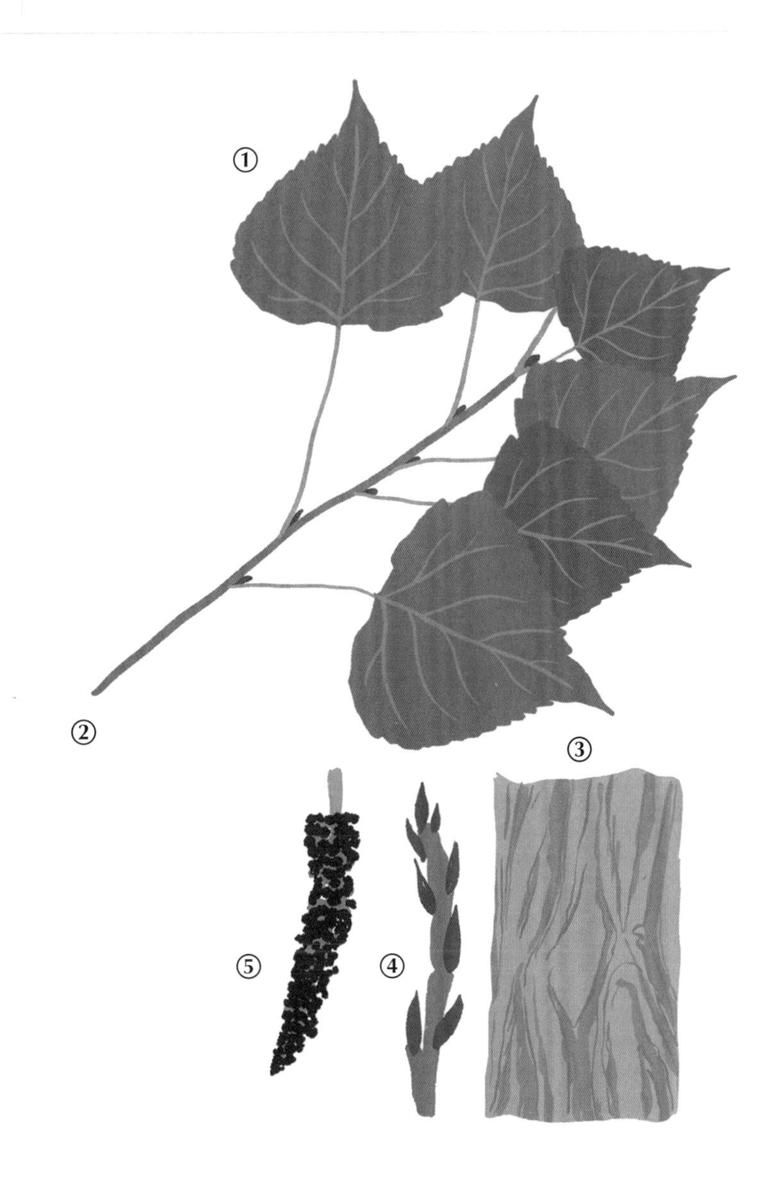

在木头上作画

从斯堪的纳维亚半岛到意大利，整个欧洲都广泛使用木头来作为绘画的底板，通常制成木底油画、祭坛装饰屏或是婚礼的箱奁。虽说一般用的是栎木、椴木或胡桃木，也常有意大利艺术家使用杨树木材做的底板。一个极其出名的例子就是：莱昂纳多·达·芬奇的《蒙娜丽莎》。

Populus tremula

欧洲山杨

巴尔扎克在其作品《幽谷百合》中如此写道："我不得不承认，我有着一种令人难以置信的无知。我无法区分出小麦与黑麦，也无法区分出普通杨树与山杨。"欧洲山杨有着笔直的树干、灰色的树皮和毛茸茸的花序，它将会是你最好的盟友：至少，你在辨认山杨这件事上会比这位法国大文豪干得更好。

该示意图为秋季叶片的情状

属：杨属

科：杨柳科

目：杨柳目

该属下含种数：35 种

何处寻？

欧洲山杨喜爱生长在稀疏开阔的森林、森林田野的边缘地带或多石的山坡。这种适应性极强的树木能在所有性质的土壤中生长，并能抵抗城市污染。在 2000 米以下海拔高度的地区都能看见它的身影。

平均寿命

百来年。

生长速度

非常快。

外形特征

树干长而细，整个树形也呈细长状。这是一种高度中等的树木（可以长到 30 米高，但一般来说都更矮）；树冠的枝叶稀疏。

❶ 叶

叶片生于长柄顶端，形状像黑桃 A；哪怕经最轻微的风吹拂也会颤动。

② 枝

棕色，有光泽。

③ 树皮和木材

一开始在很长一段时间内，树皮都是光滑的，呈灰色，带金色或银色的反光，但随着时间流逝，树皮会产生裂纹，颜色越来越暗淡；木材白色，质地轻，被用于制造火柴。

④ 芽

顶端尖，甚至呈刺状，无毛而有光泽。

⑤ 花

雄花序呈圆柱状，下垂，其上每一个单独的花朵如同鳞片一般，且被覆着浅红色的长茸毛，十分美丽；雌花序呈白色。

⑥ 果实

非常小的卵圆形蒴果，其上有一层厚厚的茸毛。

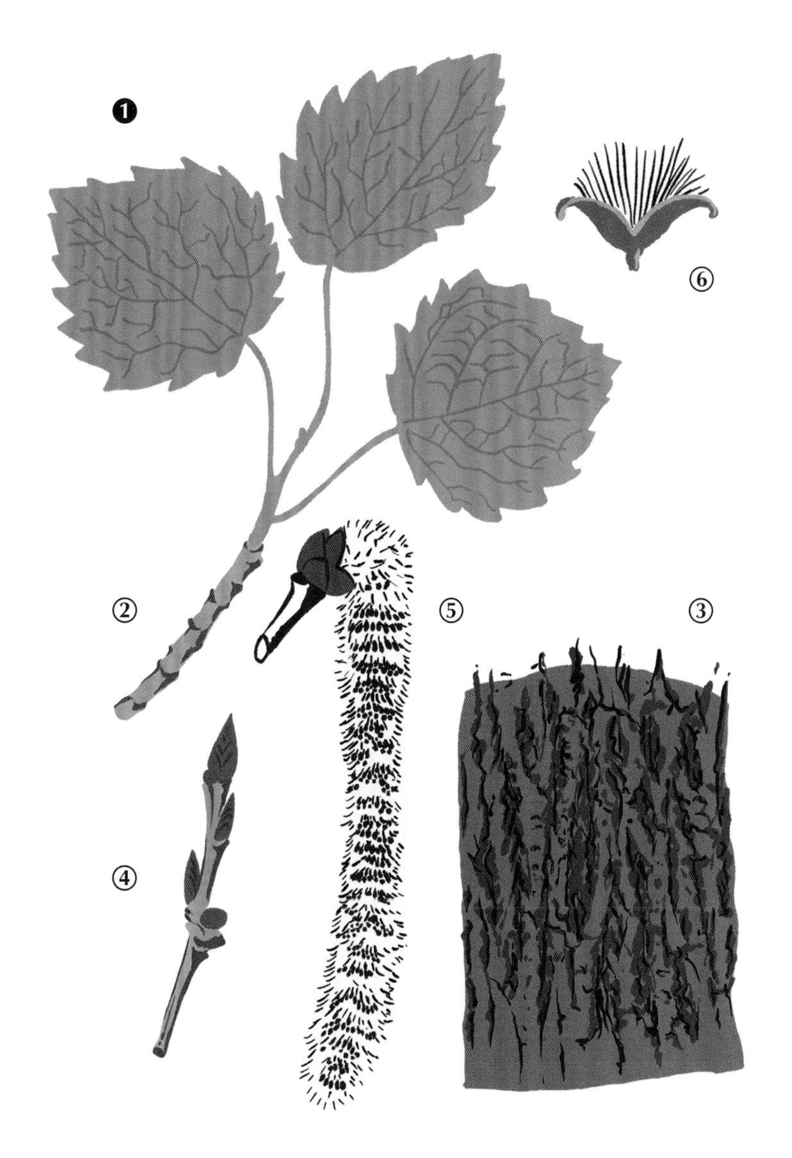

山杨的根系：部落长老

目前已知的最为年长的活体生物是一片山杨群，直到今天它们已经生活了 8 万个年头。山杨有一个别称，叫“潘多”（Pando，来自拉丁语，表示“扩展，延伸”）。这群成百上千的山杨位于美国犹他州，它们共用同一个根系。这根系真可谓是“万物之灵”。

Salix alba

白 柳

乙酰水杨酸，俗称阿司匹林，是世界上使用最为广泛的药物。这种物质天然存在于白柳的树皮中，自远古时期就开始为人所利用：埃及的纸莎草纸中出现过有关记载，希波克拉底[29]也建议用白柳煎剂来缓解病人的疼痛与高烧。

属：柳属

科：杨柳科

目：杨柳目

该属下含种数：超过 300 种

何处寻？

柳树喜欢近水生长。在江河水流的两岸或是小溪池塘的近处都可以看到白柳的身影。一旦在水里扎了根，它就不再畏惧高温、城市污染以及强风。

平均寿命	生长速度	外形特征
百来年。	相对较快（大约 15 年长 10 米）。	树干短而粗壮，枝条粗大而直立；树冠宽阔，有风的时候就像一圈圈迎风飘动的美丽花环。

① 叶

4 厘米到 10 厘米长；叶柄非常短；叶片呈长长的披针形，覆盖着一层银色的茸毛，正反两面都有着丝一般的光泽和触感，背面尤为明显。

② 枝

纤长柔软，直立生长，常被用于编织篮筐。

③ 树皮和木材

树皮灰色，厚，有凹凸不平的纵向深裂；木材白色，质地柔软。

④ 芽

小而扁平，覆盖有一枚鳞片，紧靠枝条生长。

⑤ 花

雄花序伸展得长长的，每朵花都有两枚分离的金色雄蕊；雌花序花朵更为密集，长得很像蛋奶酥。

⑥ 果实

为无毛的蒴果，且几乎无柄。

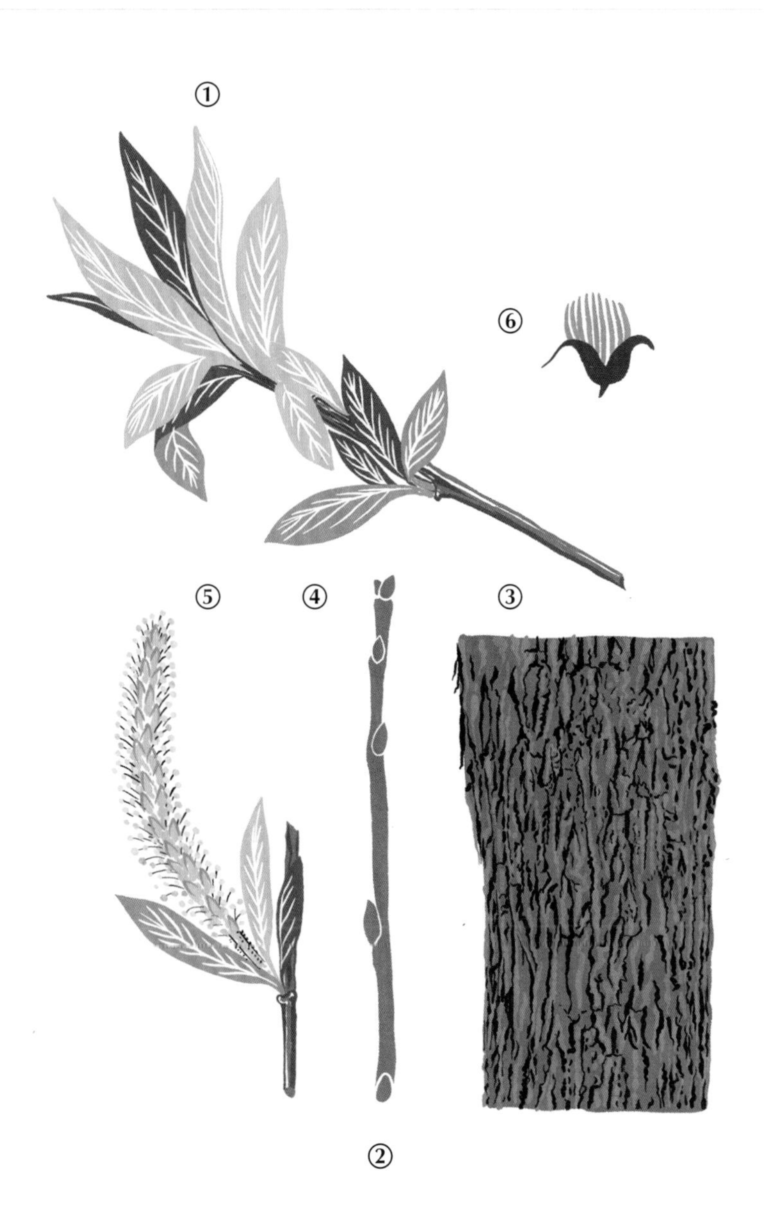

灵感的无尽来源

要说到喜欢柳树的诗人，那肯定是阿尔弗雷德·德·缪塞（Alfred de Musset）："等我死去，亲爱的朋友 / 请在我的坟墓上栽一棵杨柳 / 我爱它那一簇簇涕泣的绿叶 / 它那淡淡的颜色使我感到温柔亲切 / 在我将要在那里永眠的土地上 / 杨柳的绿荫啊，将显得那样轻盈、凉爽。"[30]

Salix babylonica

垂 柳

这种来源于白柳（Salix alba）的标志性树种值得单独说一说。它众所周知的优美外形即得益于它柔软弯曲、垂至湖泊水流的长枝。水面荡起涟漪，激发了多少诗人的灵感。

属：柳属

科：杨柳科

目：杨柳目

该属下含种数：超过 300 种

何处寻？

垂柳喜欢湿润肥沃的土壤、干净的黏土以及柔软的淤泥，因此它主要生长在湖泊河流的岸边。它能抵御强风和城市污染。

平均寿命	生长速度	外形特征
100 年。	快。	它优美的外形非常有辨识度，枝条下垂至地面，在风的吹拂下飘摇。

① 叶

蓝绿色，接近灰色；叶片长（8 到 16 厘米），叶柄短。

❷ 枝

浅棕色；很长，柔软而下垂。

③ 树皮和木材

树皮浅灰色；有交错而明显的脊状凸起；木材色浅，坚固，但不易加工。

④ 芽

相当有特点，直接贴枝条生长，只有一枚鳞片。

⑤ 花

小而细长，花柄短；雌花序的苞片为黄色，雄花序的苞片为绿色。

⑥ 果实

为卵圆形、顶端尖的蒴果，二裂，从中剥落出成熟的种子，上有长长的白色丝状羽。

维克多 · 雨果诗歌《鸟》选段

五月时分，我们与鸟儿相偕，啊，如梦似幻，我们张口而言 / 就是如此，山石、小丘、草地，激荡翻涌 / 微尘般的灌木谈论古今，草儿因此入迷 / 垂柳唱着歌，说完了最后一语

Sequoiadendron giganteum et Sequoia sempervirens

巨杉与北美红杉

在 19 世纪，一位德国植物学家引入了巨杉属的概念，包括两种庞大的树木：巨杉与北美红杉。后来，另一位美国植物学家约翰·西奥多·布赫霍尔茨（John Theodore Buchholz）将这两种植物分开，放入两个不同的**属**：巨杉属与红杉属。

属：巨杉属与红杉属

科：杉科

目：松柏目

该属下含种数：1+1

何处寻？

这两种树木原产于美国太平洋沿岸，可以形成宏伟壮观的森林。巨杉可以在 2500 米以下海拔高度的地区生长。两种树都喜欢凉爽深厚、碱性而肥沃的土壤，土质须为黏土质或沙质。它们对生长初期的霜冻和长期干旱很敏感。

平均寿命

巨杉可以活 3000 年，北美红杉可以活 2000 年。

生长速度

快（20 年长 18 米）。

外形特征

这两种直插云霄的树木可达 150 米高；是世界上最高的树木之一；北美红杉的树干比巨杉的树干更细，但其树冠更加不规则：它的树枝呈下垂状，树顶经常光秃秃的。

① 针叶

嫩绿色的针叶绕树枝呈螺旋状排列，常延伸到通常的针叶着生点之外；会散发出一股清新的茴香气味；北美红杉的针叶呈现出更深的蓝绿色，细长而扁平。

② 枝

枝分为两种：长枝与短枝；短枝出现几年后便会脱落。

③ 树皮和木材

树皮纤维质，非常厚，相对较柔软；橘红色，十分美丽；木材有红边，相对较柔软，非常耐用；被用于建造各种小木屋。

④ 花

枝条顶端生有小型的芥末黄色雄球花。

⑤ 球果

巨杉的球果为小球状，一开始是绿色，而后转为栗色，单生，覆盖着一层鳞片。鳞片好似被锤子敲进墙壁的钉子，扁平的钉头露在外面；北美红杉的球果与之类似，但小得多。

芽

浅黄色，一般处于休眠状态，无鳞片覆盖。

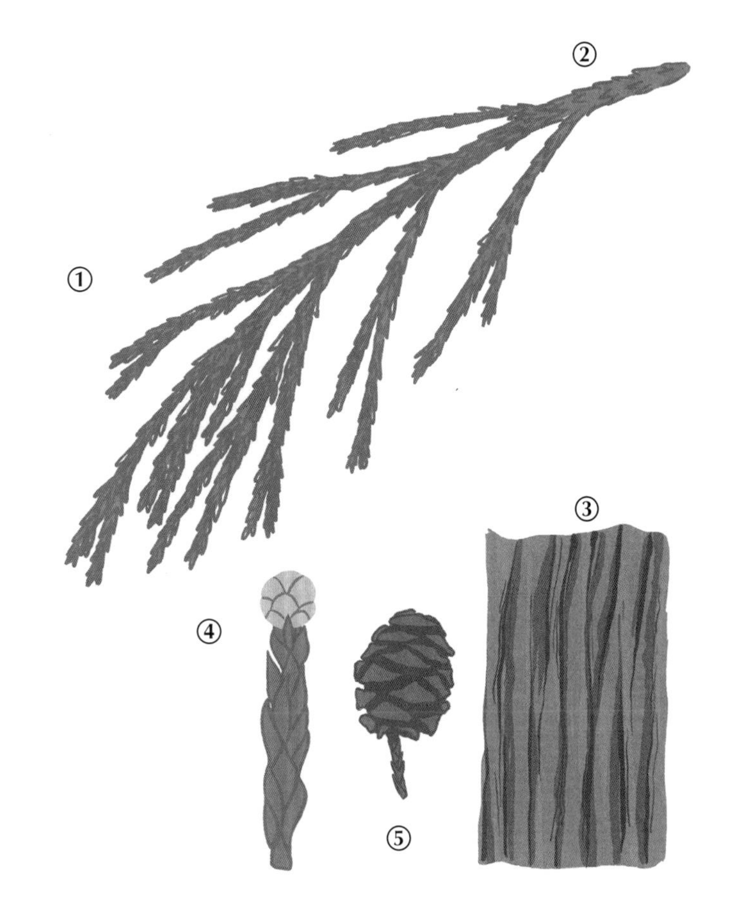

傲然伫立之树

这种树是世界上最高大的树木之一。位于美国“美洲杉和国王峡谷国家公园”的谢尔曼将军树高 84 米，基部直径 11 米，体积达 1500 立方米，和一所超过 500 平方米的豪宅差不多大！另外，它的木材是全球市场上最耐用、最珍贵、最供不应求的木材之一。

Taxodium distichum

落羽杉

落羽杉别有特色，很难与其他树种混同：它的针叶会每年脱落，而根系则伸出地面“呼吸”。在秋季的池塘边，落羽杉红色的针叶不仅倒映在水中，还飘落在水面上，成为一大美景。

该示意图为秋季叶片的情状

属：落羽杉属

科：杉科

目：松柏目

该属下含种数：3

何处寻？

一般来说，落羽杉的树干都生长在水中或淤泥里。它喜欢在能够安安静静固定光能的温和环境中生长，并偏好潮湿的土壤。幼树对霜冻敏感，老树则不适应酸性过强的土壤。

平均寿命
600年。

生长速度
快。

外形特征
大型落叶树（可以高达50米），在多沼泽的地区十分常见；它的根系可以朝上直立生长，直至伸出地面形成一个个圆锥状的凸起：这就是落羽杉别具特色的呼吸根。

❶ 针叶
每年脱落，覆盖在地面上形成一层厚厚的毯子；针叶扁平，起初呈黄绿色，后来为橘红色。

② 枝
有两种枝条：初生枝上有芽，后来会随针叶一起脱落，而次生枝宿存，针叶在其上呈螺旋状排列。

③ 树皮和木材
树皮纤维质，红棕色，会散成丝状；木材质地轻，柔软，防潮性能非常良好。

④ 芽
小球状，绿色。

⑤ 花
雌球花小球状，嫩绿色，成簇在枝条上生于雄球花顶部；雄球花更小，数目也更多，聚集生长，形成长而下垂的穗状花序。

⑥ 球果
和一颗胡桃差不多大小，只有落于地面后才会开裂。

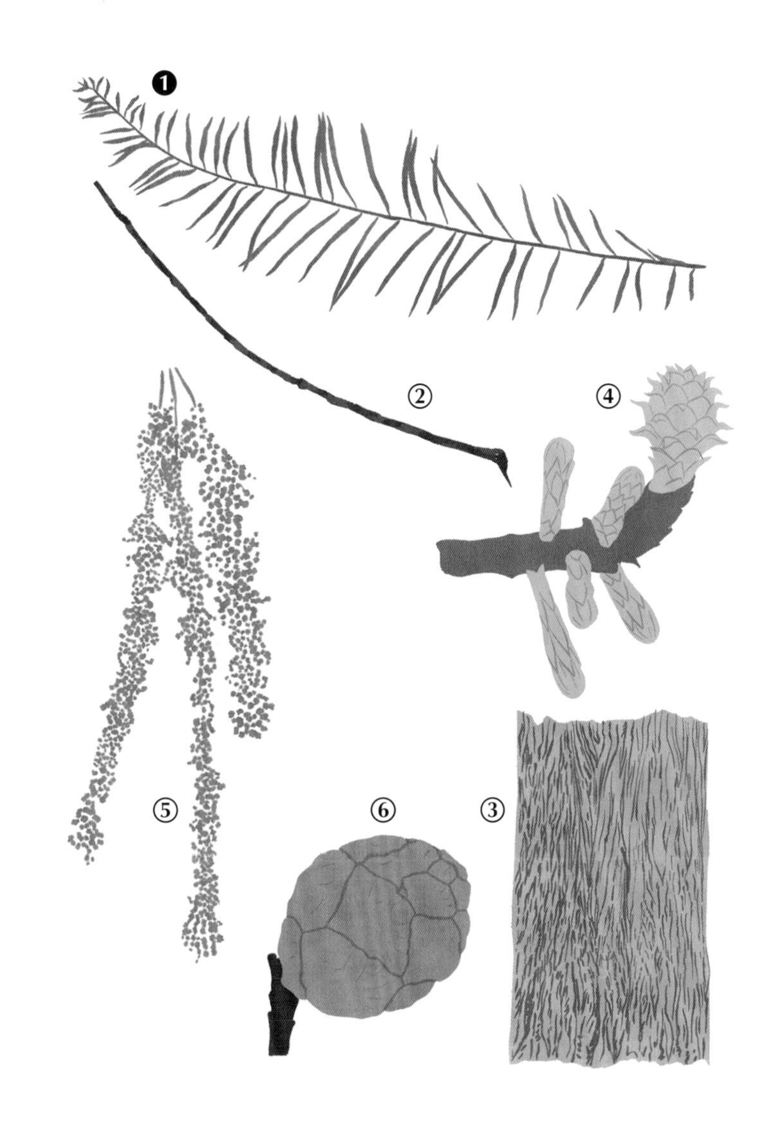

户外工程建设的好木材

生长在沼泽河岸的落羽杉拥有好些令人惊奇的特性。它的心材极为坚固，常被用于大型的户外工程建设，譬如桥梁、露天平台或围栏的建造（奇怪的是，人们在售卖的时候却总把它叫作黑柏木、红柏木或黄柏木[31]）。

Tilia cordata

心叶椴

心叶椴在野生状态下分布十分广泛，它优美的形态并不因为叶片窄小而有一丝一毫的减损。自古希腊、古罗马时期以来，人们就意识到了其花叶的功效，因此，心叶椴和别的椴树一样，常被用于医疗或美容。

属：椴属

科：椴树科

目：锦葵目

该属下含种数：30 种

何处寻？

这种具有乡野风情的树木不适应城市生活。它喜欢各方面性质均衡的土壤，不能太潮湿，也不能酸性过强。虽说心叶椴不耐受高温，但其近亲阔叶椴在面对高温时比它还娇气。

平均寿命	生长速度	外形特征
800 年。	相对较慢（20 年长 10 米）。	与其近亲阔叶椴一样，这是一种树冠浓密、外形持重的大型树木。

① 叶

相当小（大约 6 厘米），宽度大于长度；叶片光滑，呈暗淡的深绿色，背面略带银白色；叶缘有细锯齿。

② 枝

光滑，有光泽，棕绿色或红色。

③ 树皮和木材

树皮亚麻灰色，有非常稀疏的细裂纹；龟裂程度极深的老树皮会让人联想起栎树皮；木材白色但不太耐用，可制成绘画用的木炭条。

④ 芽

小球状，呈酒红色，其上两枚鳞片十分显眼。

⑤ 花

奶油白色；集成小小的聚伞花序，生于长柄顶端，花柄上还附着有一瓣黄绿色的苞片。

❻ 果实

壳坚硬，无明显的果棱；小球状，覆盖有一层非常纤细的短茸毛；看上去像一个旧足球，只不过是缩小版的。

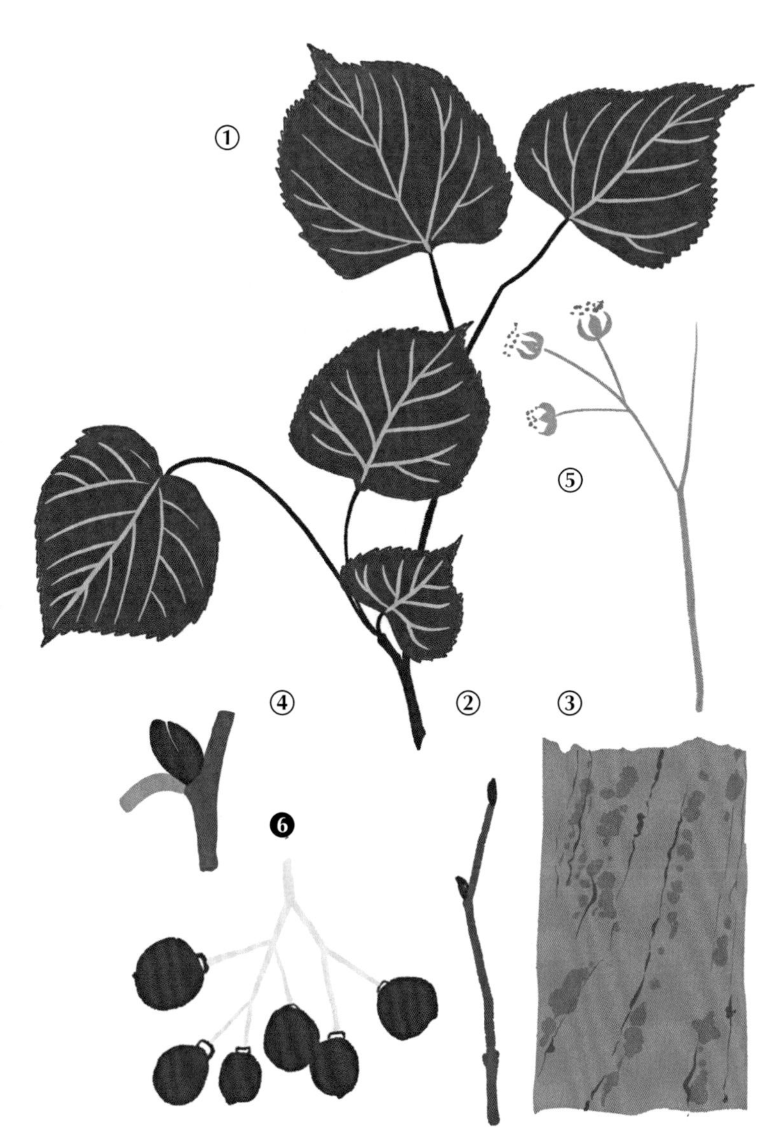

椴树蜜：味美还防腐

椴树是一种极为重要的蜜源植物。椴树蜜呈浅黄色，味道清新，略带薄荷味而微苦，因此受到了蜂蜜爱好者的追捧。这也是一种绝好的防腐剂和愈合剂，自古希腊时期以来人们就发现了它的功效。

Tilia platyphyllos

阔叶椴

这是一种美丽而健壮的山区树木，它傲然伫立，比心叶椴更为高大。当它生长在农场的院子里或是道路的拐角处之时，没有人可以无视它的存在。人们常会栽种阔叶椴来纪念历史事件，其中有几株十分有名。例如，在12 世纪的文献中就曾提到过一棵阔叶椴。它位于德国汉诺威市附近一个叫作乌普施泰特-博克内姆（Upstedt-Bockenem）的村庄。

该示意图为秋季叶片的情状

属：椴属

科：椴树科

目：锦葵目

该属下含种数：30 种

何处寻？

阔叶椴需要湿润的大气环境和凉爽的土壤环境。在钙质而肥沃的土地中生长良好。它对城市污染和霜冻敏感。一旦空气过于干燥，阔叶椴就会受到红蛛的侵扰。

平均寿命	生长速度	外形特征
有些能活超过1000年。	相对较慢，但终生生长。	阔叶椴的枝叶茂盛又浓密，枝条直立生长，叶片宽大；这种壮丽的大型树木有着粗重的树干，给人以孔武有力的印象。

① 叶

叶片宽阔（极个别可以长达20厘米）；背面覆盖有细细的白茸毛；叶片不太平整，轻微隆起，呈心形，叶缘有细锯齿。

② 枝

光滑而无毛；受阳光照射越多的叶片越呈红色。

③ 树皮和木材

树皮灰色，开裂，形成许多交错的脊状凸起；木材白色，质地均一。

④ 芽

卵圆形，小球状，有3枚红色鳞片，其上带有散乱的茸毛。

⑤ 花

黄绿色；三六成簇生长，香气宜人。

⑥ 果实

阔叶椴的果实是一种小坚果，有5条凸起的果棱，覆盖茸毛，果壁厚，看起来像微型的拳击吊球。

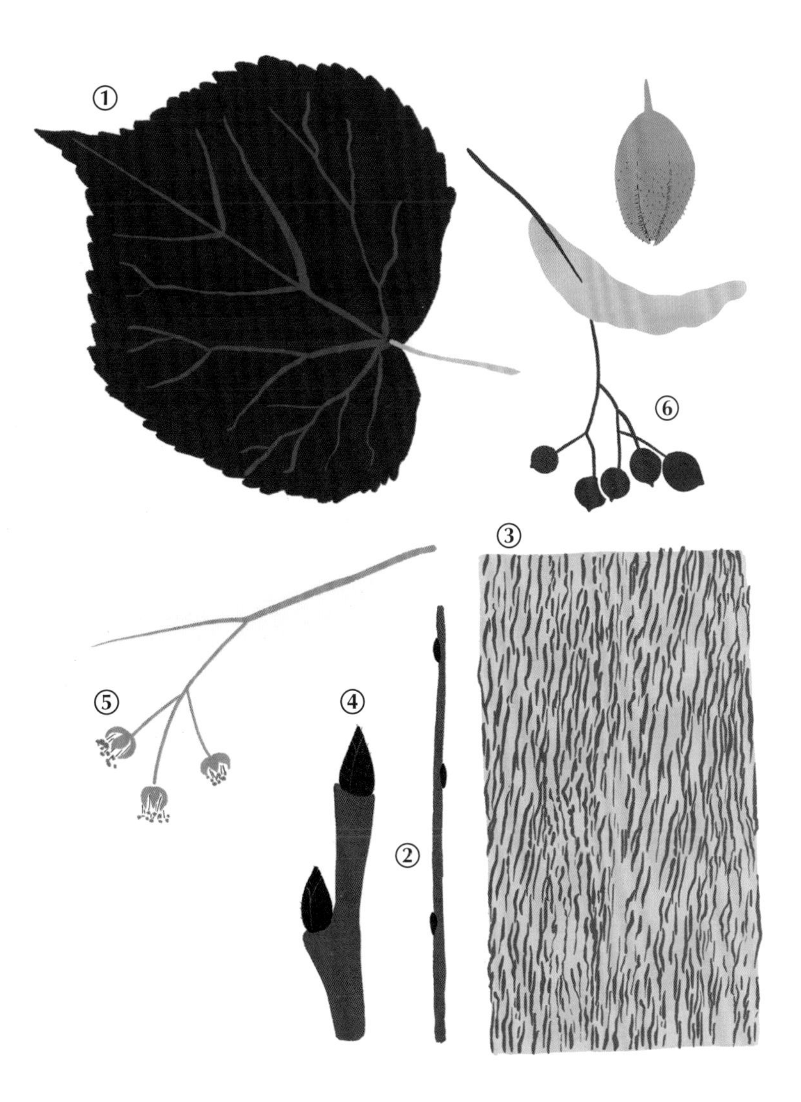

椴树：益处多多

阔叶椴的边材柔软、结实又有弹性。因为它易于加工成型，而被用来生产玩具、储物盒或画板。人们也用它的干花来泡茶，抑或是从中提取精油。

Ulmus campestris

欧洲野榆

要说到榆树，则不得不提荷兰榆树病。这种由寄生真菌引起的疾病在16世纪时首报于荷兰，其罪魁祸首——榆梢枯蛇喙壳（Graphium ulmi）——通过阻断植物汁液运输的方式来造成植物不可逆转的死亡。一种鞘翅目昆虫会传播病原体，但没有人能够解释该昆虫大量繁殖的原因。

属：榆属

科：榆科

目：荨麻目

该属下含种数：大约60种

何处寻？

在山坡森林或山谷地带常可见榆树的身影。它喜欢有一定荫蔽的环境，在深厚、疏松而适度湿润的土壤中长势良好。自中世纪以来，榆树就曾作为装饰性树种而被栽种在城市里，但如今由于荷兰榆树病的侵袭而几乎在欧洲绝迹。

平均寿命

如果没有荷兰榆树病的影响，它可以活 400 年乃至更长。

生长速度

相对较快（20 年长 10 米）。

外形特征

榆树本可以长得像栎树一样高大（轻轻松松高达 30 米乃至 40 米），但由于荷兰榆树病的影响，大部分健壮的植株都被赶尽杀绝，只留下了一些老弱病残。

① 叶

叶互生，卵圆形，叶柄明显，叶缘有双层而不对称的锯齿；叶片大小为黄金比例（8 厘米到 10 厘米长，4 厘米到 5 厘米宽），顶端尖，基部有一“叶耳”：即单侧凸起的部分。

② 枝

有时带有软质的凸起，就像是瓦楞纸板的波浪形芯纸 。

③ 树皮和木材

初生的树皮灰色而光滑，但随时间流逝逐渐开裂，老树上会形成深裂纹；木材红色，坚硬沉重，以往被用于建造船舶，亦用于高级木器制造业或大型木工工程。

④ 芽

斜生，小，卵圆形，覆盖有鳞片。

⑤ 花

两性花，几乎无柄，成簇生长，呈玫瑰红色或樱桃红色。

⑥ 果实

为长方形的翅果，像直升机的螺旋桨；果实未成熟时，其中心呈胭脂红色。

荷兰榆树病

也许未来我们能再度见到有着长树干、阔树冠的傲然挺立的榆树，但就当下而言，人们不幸还未找到治疗荷兰榆树病的良方。一般来说，染病株被修剪矮小之后，其树桩反而会存活下来。这就解释了小树林或绿篱墙中的榆树仍能生长的原因。

Ulmus montana

光叶榆

光叶榆常独株生长，在身后的景致中十分显眼。它枝叶宽阔，美丽优雅，因木材的颜色而别称“白榆”。我们的祖先就曾利用光叶榆坚硬的木材来制作有承重需求的部件：车轮、各类运输车的零件、屋梁或马具。

属：榆属

科：榆科

目：荨麻目

该属下含种数：大约 60 种

何处寻？

在 1400 米海拔高度以下的地区能看见光叶榆的身影。这种树木可以耐受阴暗，但对水的需求量很大。它喜欢深厚、钙质、略带酸性而富含矿物质的土壤，偏爱潮湿的大气环境。

平均寿命	生长速度	外形特征
200 年。	快。	树冠宽阔，基部由弯弯曲曲的枝条形成，顶部由直而舒展的枝条形成。

① 叶

比欧洲野榆的叶片大得多（有些长达 18 厘米）；叶尖两侧通常各有一个锯齿；叶柄非常短。

② 枝

深灰色；无软质凸起。

③ 树皮和木材

树皮在纵向开裂为鳞片状之前光滑；木材比欧洲野榆的木材颜色更浅（因此别称“白榆”），被用于制造家具等高级细木器。

④ 芽

大，紫红色，覆盖有茸毛，顶端尖，短而粗。

⑤ 花

聚集成红色的小束生长。

⑥ 果实

光叶榆会结出大量的翅果，长得像皱巴巴的翅膀，末端藏着一粒种子。

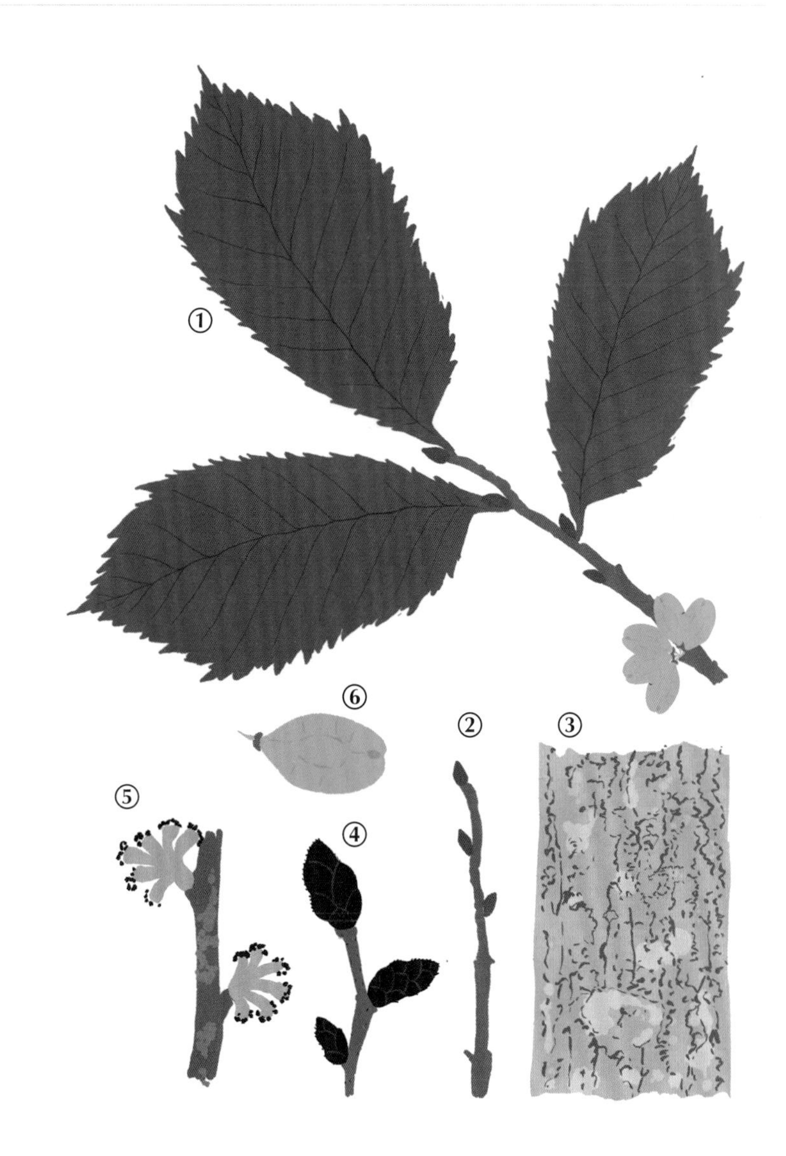

腌榆树叶

从前，在很长一段时间里，中欧的居民把光叶榆的叶片拿来腌制发酵，做成食品。没用完的叶片还能拌成沙拉。它的种子有着榛子般清甜的味道，可用于烹饪。对于那时的农民来说，光叶榆的修剪季也是生产牲畜饲料的绝好时机。

Adansonia digitata

非洲猴面包树

生长于南非察嫩地区的大猴面包树被视为世界上最壮观的猴面包树，它的树干周长可达 47 米。1993 年，其土地所有者挖空了树干，试图在里面建设一家酒吧！而即便这棵猴面包树经受了如此“酷刑”，每年仍未停止生长发芽。

属：猴面包树属

科：木棉科

目：锦葵目

该属下含种数：8 种

何处寻？

猴面包树喜欢干燥、钙质而渗水性能优良的土壤。它需要强烈的阳光照射和高温环境。若是温度低于 12 摄氏度，猴面包树就无法正常生长。幸有“树干储水库”的帮助，它只需要很少量的雨水便能成活。

平均寿命

2000 年。

生长速度

慢。

外形特征

猴面包树亦被称作“瓶子树”，它有着粗壮而隆起的树干，因此易于辨认。这使它能够储存大量的水分。并且其树冠也通常极为壮观，枝叶辽阔，平铺生长，这是猴面包树的另一大特征。

① 叶

为 5 片、7 片或 9 片倒卵形小叶组成的复叶，柔软而有光泽，有些复叶可以长达 20 厘米。

② 枝

无毛且弯曲，长得像树根，这就是猴面包树另一别名“倒栽树”的来源。

❸ 树皮和木材

树皮纤维质，灰色且光滑，能在极大程度上反射光线，以至于人们有时会认为树皮是银色的；木材过于柔软脆弱，满是水分，储存量可达数千升：它是名副其实的蓄水池；虽说如今对猴面包树木材的利用极少，但人们也曾用它制造过独木舟。

④ 芽

绿色，小球状。

⑤ 花

白色而下垂，挂于长柄顶端；花瓣呈白色，数目极多的雄蕊集成球状，从中伸出一枚凸起的雌蕊，给人以深刻的印象；花期极短，夜间开花，但具有吸引力极强的蜜腺：蝙蝠为之着迷！

⑥ 果实

猴面包树的果实可食用，其果肉富含的维生素 C 是橙子的 2.5 倍，钙元素是牛奶的 2.5 倍，钾元素是香蕉的 6 倍。

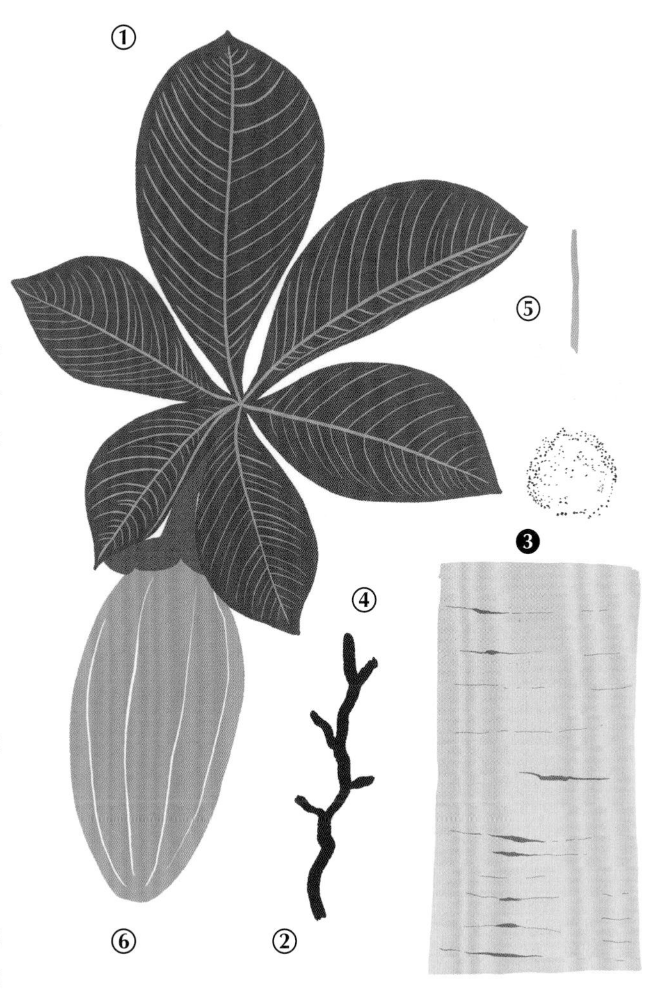

传奇之树

在非洲，猴面包树集众多传说故事于一身。对于贝宁的丰族人来说，猴面包树是恶鬼的庇护所。而赞比亚人认为有一条巨蟒幽灵盘踞在猴面包树上。在安托万·德·圣埃克苏佩里（Antoine de Saint-Exupéry）的作品《小王子》中，猴面包树则被描绘成一个入侵树种，不是它死，就是 B612 号小行星亡。

Cedrus atlantica et Cedrus libani

北非雪松与黎巴嫩雪松

雪松是黎巴嫩的象征，同时也出现在该国的国旗上。1920 年，法属黎巴嫩的成立宣言中称：“我们的人民如同一株常青的雪松，尽管在过去饱受侵害，但永远保持蓬勃的朝气。无论受到怎样的压迫，我们都永不屈服，雪松就是集结的号角。齐心协力，粉碎所有的敌对力量。”

属：雪松属

科：松科

目：松柏目

该属下含种数：4 种

何处寻？

顾名思义，北非雪松源自北非，而黎巴嫩雪松源自中东。二者的生长需求差不多相同：高温、阳光、多雨的冬季以及各方面性质平衡的土壤。

平均寿命	生长速度	外形特征
2000 年。	相对较快（20 年长 12 米）。	生长初期，北非雪松和黎巴嫩雪松均呈金字塔形，后来随时间流逝能长成十分壮观的外形；极为高大（高 40 到 60 米），树冠平铺生长乃至完全水平。

① 叶

为顶端尖锐的蓝绿色针叶（北非雪松长 2 厘米，黎巴嫩雪松长 2.5 厘米）。

② 枝

针叶覆盖其上，还带有纤细的茸毛。

③ 树皮和木材

树皮鼠灰色，有细细的裂纹；边材白色，但心材呈现出与外围截然不同的粉橘色，香气宜人，但木材不再为人所利用，因为这两种树木受到了人们的珍视和保护，首要功用是作为装饰性树种栽种。

④ 花

初生的雌球花小，呈绿色；而雄球花更为粗大，有着难以计数的大量雄蕊，能散发出极多的花粉。

⑤ 球果

雪松的球果看起来像平顶的木桶；不会整个掉落，但在第二年年末，其上各含两枚种子的大型鳞片会分别脱落。

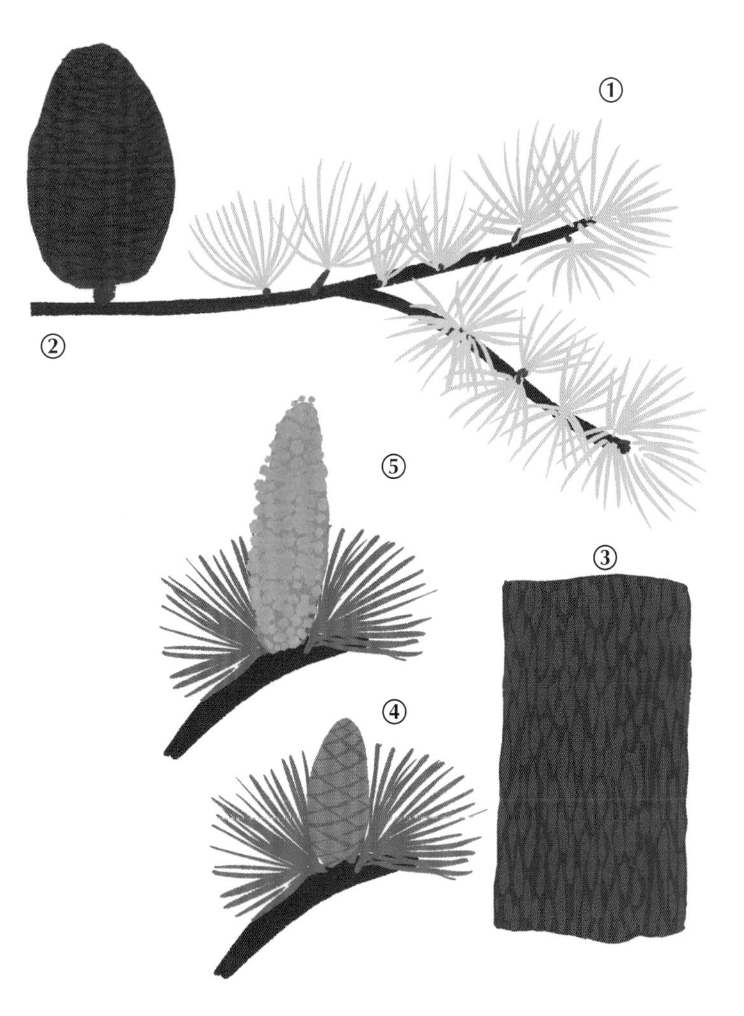

独特的香气

雪松木的香气独特。几千年以来，它因有着驱虫防蛀的功效而著名。这种木材几乎不会腐烂，在很长一段时间内曾被用于制造船舶和棺材。

Cocos nucifera

椰　子

棕榈科下有好几个亚科和近 250 个属。椰子是椰子属下的唯一种，且它的来源无人可知。一些研究者曾于印度、新西兰等有着不同地理环境的世界各处发现过椰子化石。

属：椰子属

科：棕榈科

目：棕榈目

该属下含种数：1 种

何处寻？

原产于亚洲和大洋洲热带地区的海岸，在 16 世纪时其生存范围扩展到了泛热带地区。而如今，有超过 90 个国家移植栽种椰子树。它喜欢强烈的光线照射、高温以及沙质而肥沃的土壤。

平均寿命	生长速度	外形特征
100 年。	快。	高度可达 30 米，顶部树冠宽大。

① 叶

叶片长且常绿；有多种用途，特别是用于搭屋顶、编篮筐，或是作为纸来书写。

② 茎与木材

椰子树的树干相当纤细，人们一般称之为“茎秆”；在树干基部会形成一段球状茎，以增强椰子树的抵抗性；相对光滑，浅灰色，上有规则的瘢痕：每一片树叶都会给椰子秆留下一个十字形的伤疤。虽说椰子秆并非真正意义上的木材，但它也能被用于建筑工程或室内装修。

③ 花

每一片叶子都生有一个顶端尖且长约 1 米的佛焰苞；到成熟阶段之后，佛焰苞开裂而散出其内部绕肉质花序轴生长的花朵；雌花位于花序轴基部，小球状，黄色，直径为 2 厘米到 3 厘米；雄花数目更多，位于花序轴的顶部。

④ 果实

椰子树的果实大而呈卵圆形，绿色，坚硬，重量可达 1.5 千克；常出现于长羽状树叶之间，外有佛焰苞包裹；种子外裹有棕色而纤维质的外皮；其白色的果实其实是胚乳；新鲜状态和干制状态的椰子均可食用，并且，人们对椰子水也十分钟爱。

芽

椰子树的生长通常只靠唯一的顶芽，不会形成分支；因为主轴不分叉，枝条也就无从生出。

椰子树的静脉

不要把椰子水和椰浆混淆了，椰浆是由椰子果肉制成的液体，而椰子水则不含什么营养物质，就和人体血浆的类型差不多。在极端情况下，它曾作为一种“甜蜜”的血浆替代品而被用于静脉注射！

Phoenix dactylifera

海　枣

海枣树并不是真正意义上的树木，而是有花植物或称被子植物中的单子叶植物。这一类植物只有一个子叶，也就是初生时只有一片主叶。海枣是海枣属植物，上有好几个亚科：贝叶棕亚科、槟榔亚科以及水椰亚科。

属：海枣属

科：棕榈科

目：棕榈目

该科下含种数：将近 4000 种

何处寻？

世界上有三分之一的海枣树种植在伊拉克。从理论上来说，我们已经找不到野生状态的海枣树了，现存的植株都是半自生的，即从人工培育中又流回到了大自然。海枣树喜欢干燥的沙漠，只要有足够的水源就能够生存。

平均寿命	生长速度	外形特征
200 年。	相对较快。	海枣树长得像一支生日蜡烛：它有着笔直而高大的树干，树冠茂密而蓬乱。

① 叶

叶片宽大（长 4 厘米到 5 厘米），叶缘全裂，裂片长 40 厘米到 50 厘米；呈弧形，蓝绿色。

② 茎

由老叶的基部形成。

③ 花

绕一片棕色的佛焰苞形成白色的肉穗花序，香气宜人，具有长 1.2 米的花柄。

❹ 果实

长方形浆果，棕橘色。

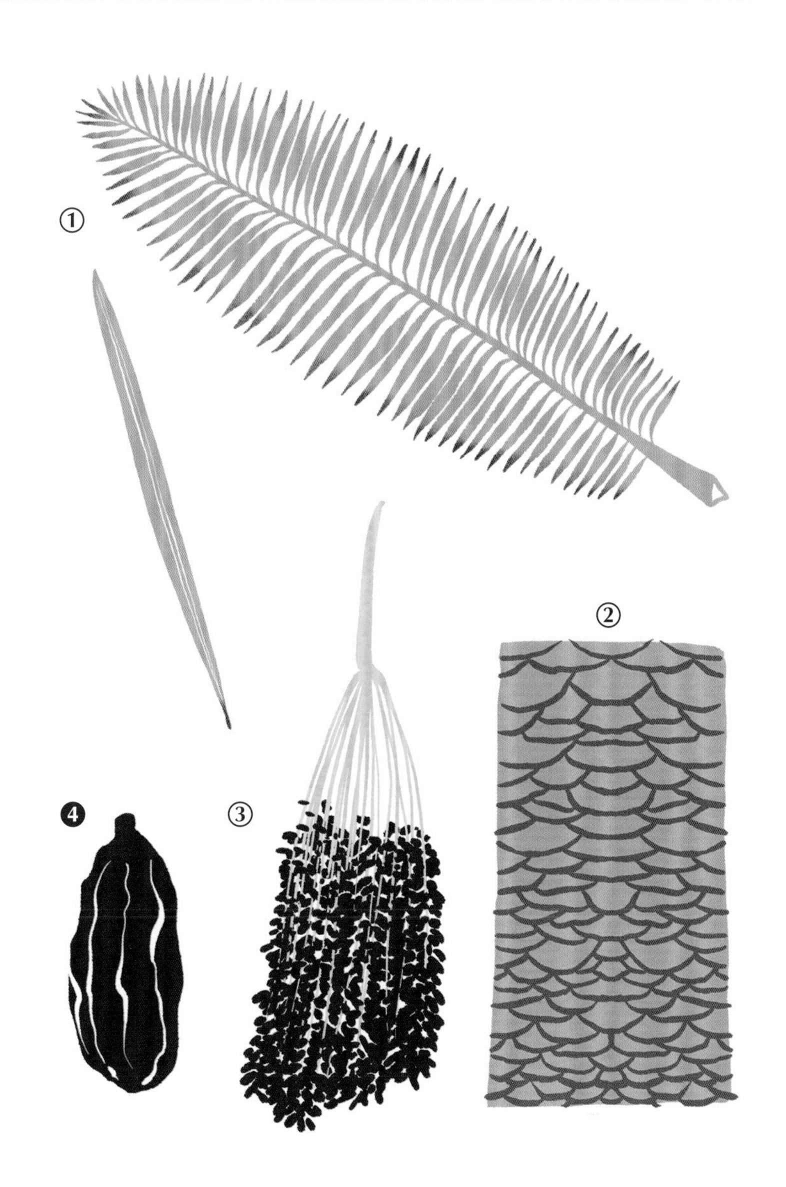

是“茎秆”不是“树干”

海枣树的茎秆既柔软，又出乎意料地坚韧。因此它可以抵抗热带风暴的侵袭。其顶端有一个非常硕大的顶芽，长得像卷心菜，先由该芽形成叶片，而后形成花和果实。

Pinus pinaster

海岸松

由海岸松形成的森林通常非常稀疏，这反而使它的林下灌木丛生长得格外茂密。各种生物都能在其中栖息而免遭人类的打扰，譬如啮齿类动物、飞禽走兽等。

属：松属

科：松科

目：松柏目

该属下含种数：超过 80 种

何处寻？

树如其名，海岸松喜欢在海边生长。它就像一位国王般傲然挺立，偏爱温和的气候条件、充足的阳光照射及沙质而排水性能良好的土壤。常能形成松林；与金雀花、欧石楠或野草莓树相伴而生。

平均寿命	生长速度	外形特征
500年。	相对较快（20年长10米）。	高大（轻轻松松达30米），树冠开阔，随着年龄的增长，树干会逐渐被压弯。

① 针叶

两两成簇，非常长（有时超过20厘米），质硬但顶端钝，呈浅浅的灰绿色。

② 枝

粗壮，棕绿色。

③ 树皮和木材

树皮格外地厚（这是辨认海岸松的一大特征），开裂程度深，暗灰色，有红棕色的反光；木材坚硬沉重，红色，树脂含量丰富，用于细木器制造。

④ 芽

生于枝条顶端，其上覆盖着由树脂粘在一起的鳞片。

⑤ 花

雄球花为长长的而呈锥形的穗状花序，中有百来个无柄的雄蕊，浅黄色；雌球花更小，呈粉橘色。

⑥ 球果

雌球果非常大（达20厘米），几乎无柄；特征明显：它是一种非常优良的引火物。

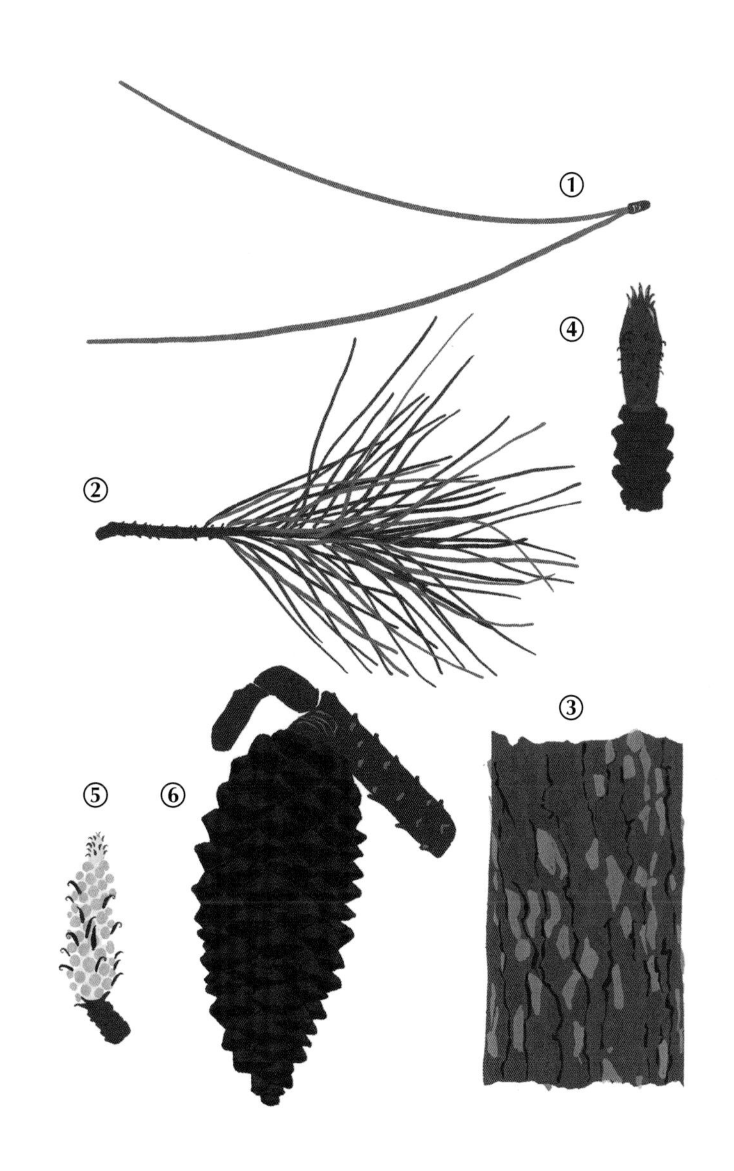

松 VS 沙

海岸松林占法国森林覆盖面积10%。其领地的扩张还要感谢一个人：路桥工程师尼古拉斯·布雷蒙蒂埃（Nicolas Brémontier）。在18世纪末期，他主持了加斯科涅湾的固沙工程，以保护朗德地区[32]的村镇免受风沙的侵袭。

Pinus pinea

意大利松

与油橄榄、栓皮栎和柏树一样，意大利松也是地中海地区的代表性树木。它优美而傲然挺立的身姿启发了无数电影艺术家、诗人和画家。浓荫下行人如织，枝条间蟋蟀歌唱。

属：松属

科：松科

目：松柏目

该属下含种数：超过 80 种

何处寻？

意大利松常单独生长，它喜欢深厚、沙石质而渗水性能优良的土壤。只出现于冬季气候温和的地中海沿岸地区，常与欧洲赤松或阿勒颇松相伴而生。

平均寿命	生长速度	外形特征
250 年。	慢。	这种大型树木呈伞形，可以轻轻松松长到 30 米高。

① 针叶

三两成簇，长而柔软；深灰绿色；一面圆润而另一面扁平。

② 枝

绿色，有红棕色的反光。

③ 树皮和木材

树皮银灰色，有橘色的反光；会龟裂为浅灰色的大块裂片；木材沉重坚硬，但树脂含量与海岸松相比较少。

④ 芽

鳞芽位于枝条顶端，离生，但其顶部由树脂粘在一起；与海岸松的芽十分相似。

⑤ 花

生于苞片的叶腋，雄球花长方形，形成不太均一的穗状花序；雌球花卵圆形而弯曲。

⑥ 球果

非常大（和苹果差不多），带有锥形而凸起的鳞片，树脂含量丰富，几乎无柄；雌球花的每一瓣鳞片都含有两枚种子；其种仁就是著名的松子。若是想要制作品质上乘的意大利面青酱，松子必不可少。

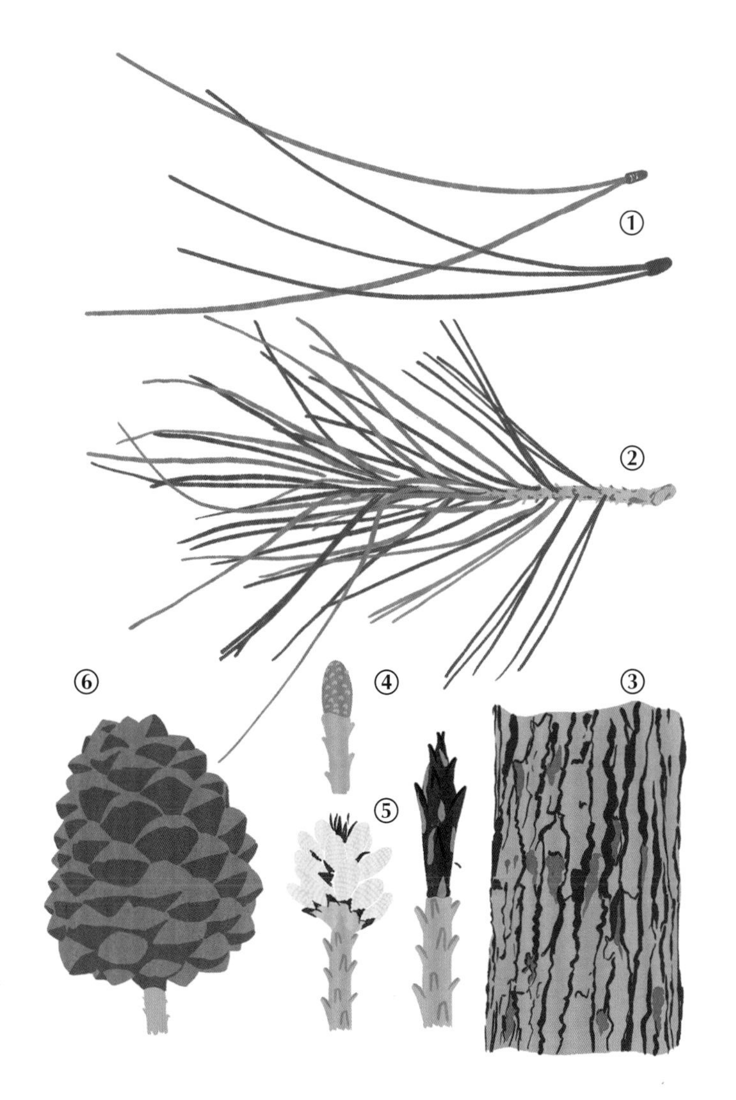

福兮祸所伏

画家保罗·希涅克（Paul Signac）曾醉心于一株十分出名的意大利松。它位于圣特罗佩的加桑镇，别名“贝托松”。该树成了名副其实的大明星，这反而是它悲剧的开端：车辆与游客来来去去，压实了树下的土壤，导致它因根系呼吸不到空气而死亡。

Pinus strobus

北美乔松

幼年时长得像毛绒玩具，成熟时又显得憨厚笨拙。它可能是本书介绍的球果植物中外形最为温柔的。北美乔松很适合作为装饰性树种而种植在公园和花园中。

属：松属

科：松科

目：松柏目

该属下含种数：超过 80 种

何处寻？

从北美西海岸到阿巴拉契亚山脉[33]的南部都是北美乔松的原产地。这种适应性极强的树木能抵挡住风暴的侵袭，但不适应积水的环境。它喜欢沙质、湿润而排水性能良好的土壤。

平均寿命

400年。

生长速度

非常快（20年长13米）。

外形特征

非常高大（高度可达60米，树干直径可达3米），总体呈锥形，但有些枝条水平生长。树冠像一只毛茸茸的绵羊，针叶浓密；树干笔直。

① 针叶

五针一束，长约10厘米；青绿色，横切面呈三角形；非常细，摸上去很柔软。

② 枝

柔软无毛，青绿色。

③ 树皮和木材

树皮有裂纹，灰色而近橄榄绿色；木材黄色，心材略带粉红色；质地轻，非常柔软，树脂含量少；常为雕塑家和细木工匠所利用。

④ 芽

顶端尖，红棕色，几乎不含树脂。

⑤ 花

雄球花蜜黄色，小小的；雌球花紫红色。

❻ 球果

十分有特色，红棕色，圆柱形；雌球果直立于长柄顶端，而雄球果下垂；鳞盾有不太明显但与球果中轴平行的中棱（一般来说均与地面垂直）。

货箱与小木屋

在美国常可看到许多小木屋。而大部分小木屋都是由北美乔松的木材建成的，这种木材柔软而有着笔直的纤维纹理，易于加工，无论是对于建筑工程还是对于细木工来说都是优良的原材料。人们也用它来制造货箱或厨房中的各类容器。

Pinus sylvestris

欧洲赤松

松属是球果植物中最重要的属。松属植物形态各异，用途多样。我们可以很轻易地在冷杉和云杉中区分出松树，因为它的针叶并非单生而是成束生长。此外，几针一束也是松属分类最为重要的标准，人们以此来辨认出各种松树。

属：松属

科：松科

目：松柏目

该属下含种数：超过 80 种

何处寻？

在 2200 米海拔高度以下的沙质土壤地区可以看到欧洲赤松的身影。它能够耐受极为炎热且干旱的环境，也能勉强适应寒冷的冬季。常形成大型的松林，或与栎树或桦树等阔叶树相伴而生。

平均寿命	生长速度	外形特征
600 年。	快（20 年长 13 米）。	高达 40 米，树形细长而十分优雅，有些像字母 i 一样笔直，有些因环境的不同而更为弯曲。树皮的颜色是辨认欧洲赤松的一大特征。

① 针叶

短（长 3 厘米到 10 厘米），呈现出这种松树特有的浅灰绿色，或者说是蓝绿色；两针一束，且为两年生。

② 枝

纤细，呈浅浅的红棕色。

❸ 树皮和木材

欧洲赤松的树干有着渐变的颜色：基部呈浅灰色，顶部呈粉橘色。这种粉橘色让人一下子联想到日出时的美景；边材白色，心材偏红色。

④ 芽

浅棕色，几乎不含树脂；被错误地称为“冷杉芽”，常为药剂师所使用，以治疗呼吸道感染。

⑤ 花

欧洲赤松为雌雄同株植物；雄球花黄色而略带琥珀色，顶端尖，形成穗状花序；雌球花更小，看起来像一个个紫红色的小球，直径为 5 厘米到 10 厘米。

⑥ 球果

不算很大（长 5 厘米到 8 厘米），生长方向不一，或直立，或下垂，或水平；深棕色，锥形，覆盖着鳞片，有时鳞片顶端有短而尖的棘突。

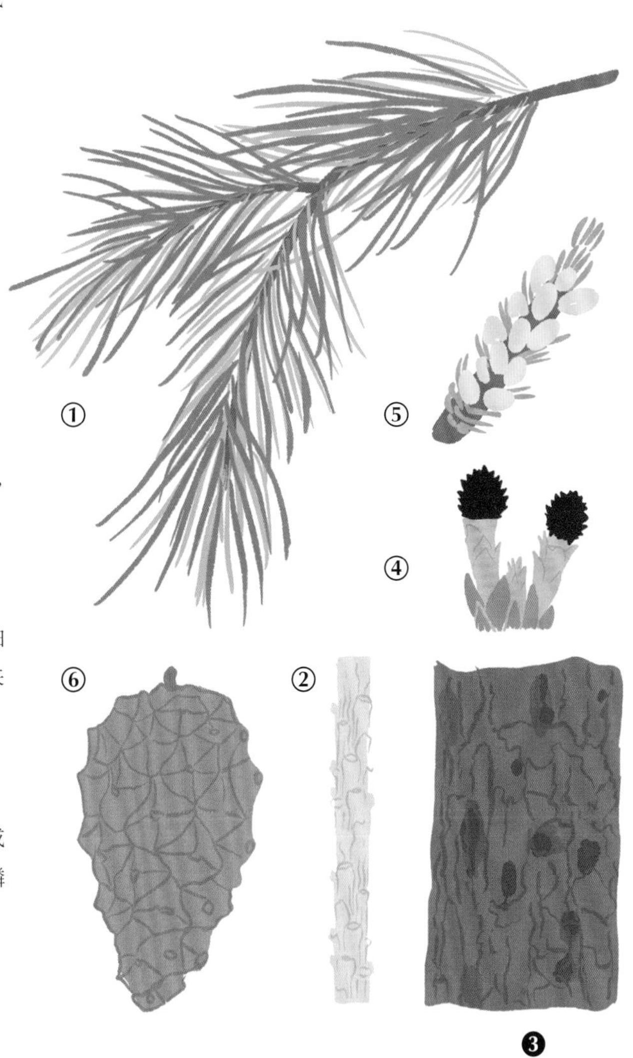

美景与菌菇

由欧洲赤松形成的松林十分美丽。在黎明或黄昏，阳光会洒在粉橘色的树干上。秋季来临后，树脚边会长出各种蘑菇，比如鸡油菌与牛肝菌等。

树与人

与树木相关的神话与传说

树木是人类历史中含义最为丰富、流传最为广泛的主题之一，凭此一点，树木就足以骄傲自豪。一位伟大的哲学家及宗教神话历史学家，米尔恰·埃里亚德（Mircea Eliade），将树木的象征意义分成了 7 种类别。

生命力

树木可以终身生长，它不断朝上，不断接近天际，用这一笔直的意象唤起了生命不息的感触。

生命的循环

每年，树木都会落叶，直至顶着光秃秃的树冠，而新的一年来临之时，它又会披上新装，开启新的循环。因此，树木代表着复活与新生，也代表着生命、死亡和复苏。而常绿树则是永生的象征。

天地之桥

树木既扎根于大地，又将枝条伸入云霄，因此成了连接天地的径向角色。从这个角度来说，树木能够沟通明暗，通达于世俗与神圣之间。

雅各的梯子[34]、北美印第安部落苏族人的图腾、西伯利亚萨满教蒙古包的支柱都是这种象征意义的例证。

生育能力

果树结出饱满而美丽的果实，在很多文化中都有着传奇般的刺激性欲的功效。因此，在印度的达罗毗荼人、美洲的苏族人和非洲的霍屯督人中，根据习俗，女子在结婚时还要同时嫁给一棵树。其目的，就是为了象征性地增强该新婚女子的生育能力。

男性生殖器

在众多神话传说中，树木都理所应当地被刻画成男性生殖器的形象。譬如，宙斯与一块叫作库柏勒的岩石生下了双性神阿格狄斯提斯。这位双性神又生下了阿提斯。阿提斯在发狂之后，于一株松树下切除了自己的睾丸。后来，库柏勒嫉妒这株松树，就将其连根拔起。松树因此代表了阿提斯的阉割。

各类宗教信仰中：增长与壮大

生生不息的树木代表着一个家族、一个民族乃至一种信仰的发展壮大。在所有的主流宗教信仰中都可以找到例证，下面举出几个例子：

- **菩提树**：是一种神圣的榕属植物，释迦牟尼即在该树下顿悟成佛。由印度教中发展出的佛教将释迦牟尼绘制成树的形象，其根系为梵天，树干为湿婆，枝叶为毗湿奴。
- **《创世记》之树，或善恶之树**：对于基督教来说，伊甸园中的这株苹果树流淌着琼浆玉露，而其结出的禁果能给人带来永生。听起来就很诱人，不是吗？
- **倒转之树**：指但丁作品中记载的“生于树冠之树”，在这种情况下，树木是整个倒转了的：树冠扎在泥土里，根系朝向天空。这种不断复现的观念，源于太阳在神话中的地位。在此意义上，万物生长都自这颗星体开始，而太阳也是树木获取营养的源头。在伊斯兰教中，幸福之树的根系即伸展于天空之中。

死亡

虽说树木是生命的象征，它也同样能成为死亡的象征。在犹太教神秘学经典中，给亚当提供遮蔽裸体的树叶的无花果树就是一种死亡的征兆。基督教十字架，是象征中的象征，是刑罚与救赎的实施途径，也是另一种针对树木的死亡诠释。

把目光聚焦在与我们更近的年代，1939 年，歌手比莉 · 荷莉戴将刘易斯 · 艾伦的诗歌《奇异的果实》谱成了曲："南方的树木会结出奇异的果实。"此处暗指的是种族隔离时期，针对黑人所行的私刑处死与绞刑的种族主义恐怖行径给美国染上了斑斑血迹。

凯尔特历法

相传，在凯尔特历法中，一年中的每段时间都对应着一种树木。即使不存在任何考古学或历史学的记录能够佐证此事，也没人会怀疑这一古老的文明与树木之间存在着极为紧密的关联。下面，我们将了解由历史学家迈克尔·维斯科利（Michaël Vescoli）所推定的日期表。当然，真正理解树木所承载的古老符号还需要靠每一个读者的灵感。

榆树
象征着高贵、公正与忍耐。
1月12日至1月24日
或7月15日到7月25日。

椴树
象征着保护与温和。
3月11日到3月20日
或9月13日到9月22日。

冷杉
象征着谨慎与忠诚。
1月2日到1月11日
或7月5日到7月14日。

松树
象征着智慧与审慎。
2月19日到2月29日
或8月24日到9月2日。

胡桃树
象征着富足与丰裕。
4月21日到4月30日
或10月24日到11月11日。

无花果树
象征着热心与敏感。
6月14日到6月23日
或12月12日到12月21日。

雪松
象征着美丽与道德的高尚。
2月9日到2月18日
或8月14日到8月23日。

榛树
象征着肉体的快感和生育能力。
3月22日到3月31日
或9月24日到10月3日。

柏树
象征着优雅与高贵。
1月25日到2月3日
或7月26日到8月4日。

橡树
象征着生命力与耐力。
3月21日当天。

油橄榄树
象征着精巧与和谐。
9月23日当天。

槭树
象征着需求与愿望。
4月11日到4月20日
或10月14日到10月23日。

栗树
象征着坚韧与自由。
5月15日到5月24日。
或11月12日到11月21日。

苹果树
象征着天地之间的沟通与媒介。
6月25日到7月4日
或12月23日到1月1日。

柳树
象征着博爱与光辉。
3月1日到3月10日
或9月3日到9月12日。

花楸树
象征着热心与服务。
4月1日到4月10日
或10月4日到10月13日。

杨树
象征着谨慎与丰裕。
2月4日到2月8日
或5月1日到5月14日
或8月5日到8月13日。

桦树
象征着柔韧与谦逊。
6月24日当天。

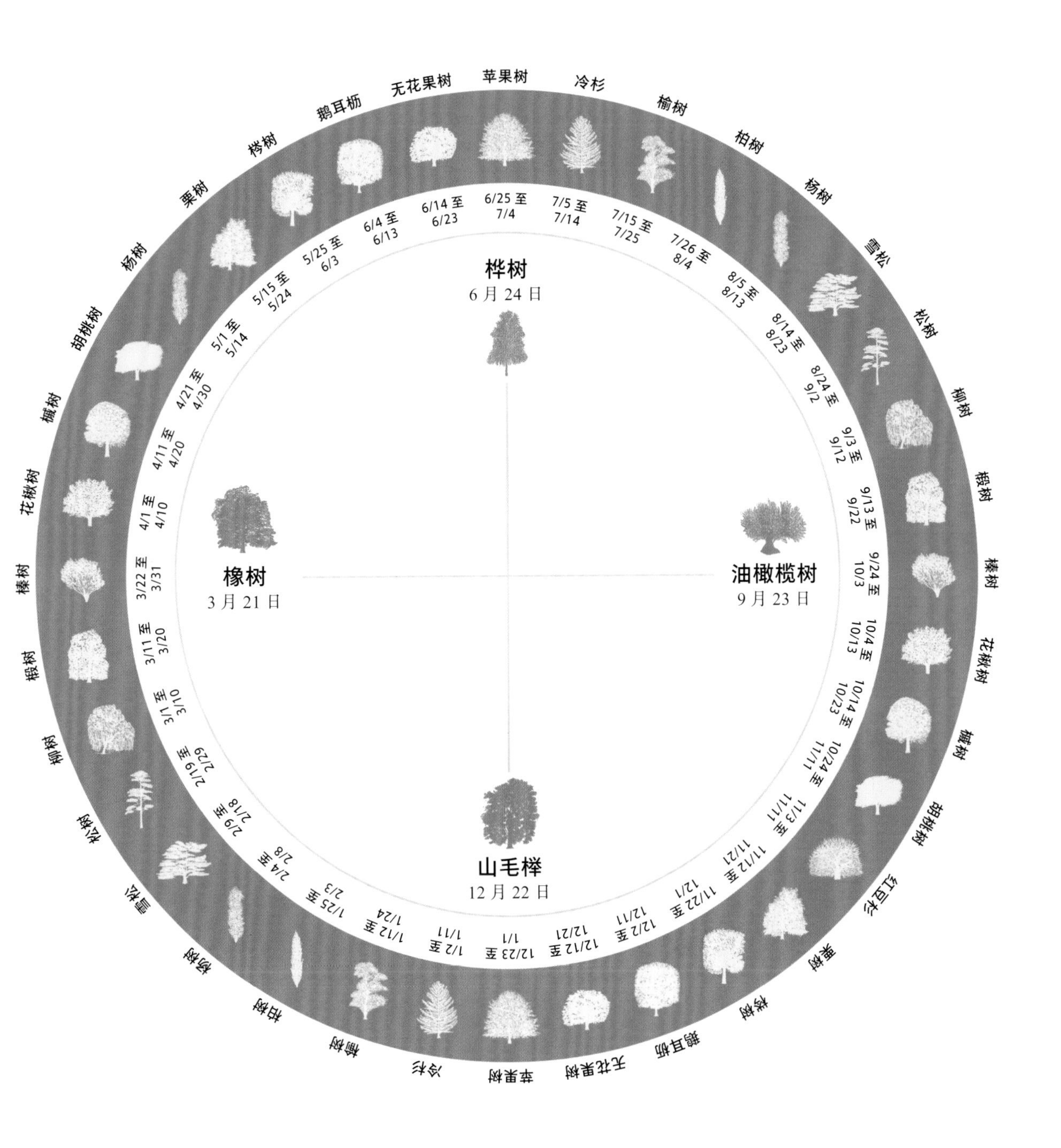

山毛榉
象征着坚持与艰苦。
12 月 22 日当天。

鹅耳枥
象征着柔和与忠诚。
6 月 4 日到 6 月 13 日
或 12 月 2 日到 12 月 11 日。

梣树
象征着坚韧与自由。
5 月 25 日到 6 月 3 日
或 11 月 22 日到 12 月 1 日。

红豆杉
象征着坚韧与永恒。
11 月 3 日到 11 月 11 日。

穿梭于传说与现实中的树木

想必每个人都听说过艾萨克·牛顿的那棵著名的苹果树。但是，你知道罗宾汉的栖身之所是哪一棵树吗？你知道幔利橡树的故事吗？再者，你知道法国阿鲁城的橡树有哪些特点吗？

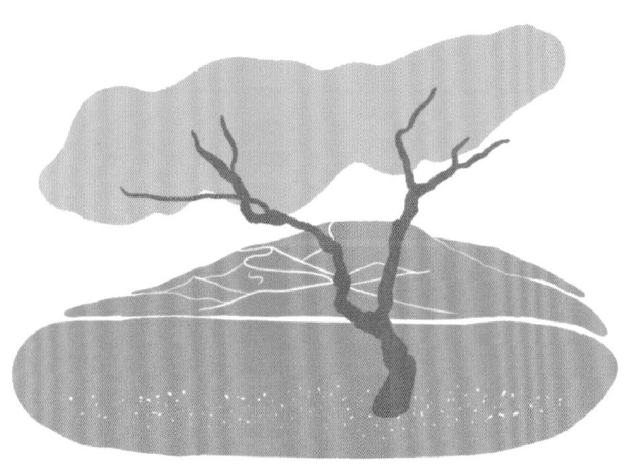

特内雷沙漠之树

这是一株茕茕孑立的金合欢树。它伫立于尼日尔撒哈拉沙漠中南部的沙质平原，与其最近的同类植株相距超过 150 千米。那里环境极为干旱，而它的根系可以向地下延伸 30 米，直至潜水层。不幸的是，1973 年，这株金合欢树被一位喝醉酒的卡车司机撞倒了。后来，人们在原址按照其外形建造了一座小小的金属雕像。真是悲惨啊！

大橡树，罗宾汉的栖身之所

这棵被罗宾汉当作栖身之所的巨大无比的橡树位于英国舍伍德森林的深处。它的树干中空，恰好供罗宾汉隐匿。

幔利橡树

位于约旦河西岸，亚伯拉罕曾在那里搭设帐篷，并与上帝直接对话。根据基督教的说法，这棵树在异教徒入侵后就应该枯死了。然而，它“正式死亡”于 1996 年。不过多亏了由混凝土与钢铁制造的支柱，它得以在死后仍笔直地挺立。有一些人认为，这棵橡树还发出了些许新芽。看来怀抱希望能使生命不息啊！

阿鲁城的橡树

它是法国最为年老的橡树，声名赫赫而又卓绝出众。这棵橡树已经活了超过1000个年头，就扎根于诺曼底小城阿鲁威尔-贝尔佛斯的教堂钟楼旁。在其树干的内部还建造了两个微型教堂。

牛顿的苹果树

位于英国伍尔索普庄园的庭院中。著名的英国物理学家艾萨克·牛顿爵士就是在被这棵树落下的苹果砸中后，才发现了万有引力定律。

生命之树

1945年，两颗原子弹分别在广岛和长崎爆炸。但两地的银杏和樟树却在这场大灾难中幸存下来。尽管受冲击波灼伤严重，所有的树叶都纷纷掉落，它们仍是最早迎来新生的植物。在长崎的山王神社，有一棵被列为“自然胜迹”的樟树。它被命名为“生命之树”。

树木界的吉尼斯纪录

有极矮的树，也有极高的树；有树干粗壮无比的树，当然也有异常高龄的树。对于树木来说，存在着各种各样的世界纪录，而有些成就你想都想不到！

树干最粗的树

位于墨西哥圣玛利亚图里镇的一株墨西哥落羽杉是世界上树干最为粗壮的树木，它被称为“图里树”。其周长 47.5 米，胸径将近 15 米！根据萨波特克族的传说，一位伊厄科特尔祭司（同时也是阿兹特克族传说中的风神）于 1400 年前种下了这棵落羽杉。

最长寿的树

很难确定世界上最长寿的树木是哪一株。就我们目前所掌握的技术而言，树木年龄只能被大致估算。不过，一些人认为一棵有着 5062 年高龄的狐尾松是世界上最为年老的树木。它生长在加利福利亚东部多石的山脉，于 2012 年被发现。在它出生的年代，吉萨金字塔还没建成呢！而另一些生物学家则认为一株瑞典云杉才是世界上最年长的树木。这株云杉的根系能够压条生长（即枝条在不脱离母株的情况下直接生根），已经不断繁殖了超过 9500 年。

树冠最宽阔的树木

豪拉大榕树是一株孟加拉榕，多亏了 2880 条支撑主枝的气根，它在树干死亡的情况下仍能生长。如今，豪拉大榕树的树冠周长达 412 米，树干直径有 131 米！

最古老的树木群

位于美国犹他州的潘多树刚过了它的80000年“生日”。它其实是由百来株在遗传学上相同的山杨组成的树木群，而这些山杨都共用一个地下原始根系。对于单独的树来说，它只存活了100多年。但是在另一个层面上，它也是这个庞大的地下整体中的一部分，朝着阳光伸出自己长长的茎秆。

最矮的树

北极柳很少超过10厘米高。它生长在北极圈或是亚北极地带，能适应极端环境，突破普通植物的生长边界线。

最高的树

树中巨人是一株高达115.55米的北美红杉。它生长在美国加利福尼亚的红杉树国家公园，于2006年才被发现。其确切位置并未被公开，以防蜂拥而来的游客破坏当地的生态系统。

球果最大的树木

大叶南洋杉凭其大如西瓜、重量可达4千克的巨型球果保持着世界纪录。

最重的树木（或许也是最著名的树木）

高84米的谢尔曼将军树是一株巨杉，位于美国的加利福尼亚州。其基部胸径达11米。据估算，它的重量超过1400吨，年龄大约2500岁。

最新研究成果

关于树木和森林的最新研究成果令人十分振奋。人类才刚刚开始认识到生物难以置信的复杂性。而这一复杂性尤为体现在植物之中：它们眼中的时间尺度与人类眼中的完全不同。

树木间信息传递

森林中的树木有着与生俱来的交流能力。更为惊人的是，它们还能分享各自的经历。其根系尤其是菌根形成了一种地下网络系统，使警报消息得以相互传递。若是一些害虫或某种病原生物跑到了它们眼皮子底下，树木就能侦察到其中的危险并给同类发送电脉冲形式的警报。随后树木可以通过分泌毒汁或生产抗体的方式来让入侵者保持距离。

团结一致

受阳光照射的高大树木会将光合作用合成的糖类分给更为低矮的树木。2016 年，巴塞尔大学的科学家成功地证实了不同种类的树木间所具有的营养物质共享机制——这对于不少人类来说可是应该好好学习的内容！

记忆能力

近来，在表观遗传学方面的研究发现，树木对经历过的创伤有记忆能力，以便其合理调整未来的生存策略。因此，经历过密集干旱期的树木会习得适度使用水源的能力。因为一棵斯巴达式的树木能够更好地度过下一个水源紧张的时期。

对环境产生的直接影响

树木可以招来雨水！在干旱时节，它们会释放出微粒，这些微粒被穿过森林上方的云朵捕捉到，从而产生了一种使水蒸气液化为雨珠的化学反应。这是一场小型降雨，但却是树木的救命水！

腼腆与羞怯

这想必是最为诗意的现象！对于部分树木来说，其树冠与树冠之间会留有一定的缝隙，称为“树冠羞避”。看来“自由止步于他人之所”是它们的立世箴言啊！

树木与人类：经济效益

树木历来都支撑着人们建造家园：它不仅可以抵挡强风、抗击土壤侵蚀、干燥潮湿的沼泽环境，还充当了碳元素宝库的作用。与此同时，人们也从树木中创造了各种经济效益。根据联合国粮食与农业组织估算的数据，树木每年可以产出 55 亿立方米的生物量。

在经济价值之外，树木还有另一种重要的价值：那就是象征意义和情感慰藉。如今，这种价值的重要性不断凸显，城市居民纷纷要求合理养护与自己相依相伴的树木。因此，树木其实处于一种新经济体制的中心。这种经济体制正蓬勃发展，渴望成为未来的主流。它分支众多，以居民的幸福生活为基本立足点，并尊重生物多样性。不过，若是想达成这个目标，必须明白的是，树木非但没有花费人类的一丝一毫，反而为我们带来了方方面面。请抛弃试图对自然过度开采的原始逻辑吧！

木材

它可以用于生火，用于建造房屋，用于创作艺术，用于造纸产煤。木材是人类最离不开的原材料。由于世界经济的腾飞和对可再生能源需求量的加大，全球木材产量的增速逐年渐长。

树皮

很久很久以前，人们就学会了用树皮造纸、造单宁。特别是在俄罗斯，桦树皮是纸浆的重要来源。而用于鞣制皮革的单宁粉末则是由橡树树皮中提取出来的。树皮还可用于制造瓶塞。每年出产的 160 亿个瓶塞中，80% 都是由树皮制成的软木塞。

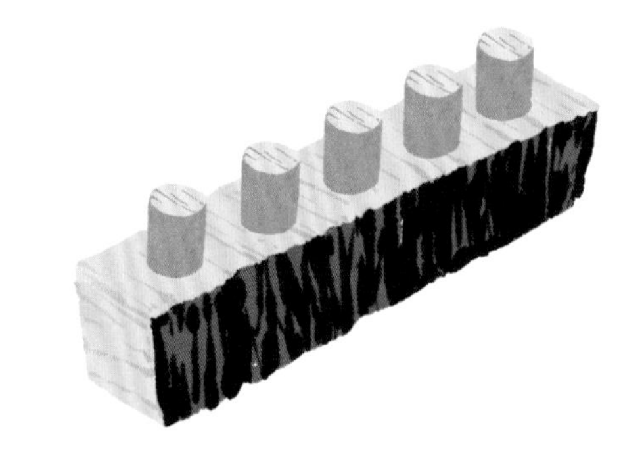

树叶

可作为牲畜饲料，还可制成美味佳肴。当然，它也是蚕宝宝的食物来源。

树木汁液与树脂

人们将植物汁液制成糖浆和饮料（如枫糖浆、桦树汁、棕榈酒等）。天然橡胶也是从树木汁液中得来的。

花朵与果实

树木为人类提供了各种茶汤的原料。其果实生食熟食皆可。请不要忘记，要是没有了树木，也就不会有果酱、苹果馅饼和苹果烧酒了！同时，树木的花果还是很多药物和香料中无法替代的成分。

树木：财富创造者

我们时常只注意到树木带来的直接经济利润，而忘记了种植、养护树木在很多层面上都是一项有益的投资。各项研究表明，植树可以大大削减公共负担。每棵树木对水源分配、气候调节都做出了重要贡献，同时，树木有助于居民保持身体健康，还有助于实现生物共居的和谐环境。

而在带来社会效益之外，树木也同时为人类节省下大笔的开销。譬如说，北卡罗来纳州的夏洛特市种植了大量的树木，据计算，每一棵种下的树木每年能够吸收将近 40 吨臭氧、二氧化氮、硫化物等各类微粒。如果用工业方法来净化同样多的空气，夏洛特市要花费超过 3.6 万美元！

另一个例子是，美国加利福尼亚州萨克拉门托市建造了 2080 公顷的、向所有体育活动开放的城市公园林区。据其市政府估算，一个不常运动的人每年会在医疗健康问题上比一个运动达人多耗费 500 美元的政府预算。因此，经常在城市公园锻炼的 7.8 万人总共会为萨克拉门托市节省下 2000 万美元的公共开支。

总而言之，树木是健康的宝藏，是每个人幸福生活的财富，是全球经济持续增长之道。

人类社会的未来之星——混农林业

混农林业旨在于同一块土地上将树木种植与作物种植、树木种植与动物养殖结合在一起。这种新的农业系统受生物原始生长状态的启发，在时空上结合了不同作物层的生长特性。

树木

这是混农林业的核心。依靠其根系的作用，树木与土壤——尤其是最深的土层——相互影响，最终为表层的作物种植提供了良好的水源供应与矿物质营养。树木和作物的结合方式多种多样：牧场-果园、菜地-果园、农业公园、矮林墙或是食物森林，都是可行的选择。要知道，大自然的核心要义便是丰盛与充裕，因此用这种方式种植的作物产量极高。

牧场-果园

牧场-果园是果树种植与动物养殖的联合产物。鸡、羊、马等可以食用树木的落果。而因为最先掉落的水果常是生虫的，动物吃掉这些劣果，也就是清除了果园中的害虫，起到了清洁净化的作用。更重要的是，动物的粪便对于果树来说是绝好的肥料。这简直是完美的永续栽培系统啊！

矮林墙

这里涉及的其实是线性的混农林业。由树木、灌木和荆棘所形成的矮林墙划定了田野的边界，起到保护作用，还能改善土壤环境，促进水循环，为作物生长创造出一定的微气候。另外，对于很多动物来说（尤其是鸟类），矮林墙是它们冬季的休憩之所，是不可或缺的食物来源。更重要的是，矮林墙是乡间一道亮丽的风景线，它用纯自然的方式圈出了一块块田野。

菜地-果园

这是果树种植与蔬菜种植的结合产物。它有着巨大的优势：光合作用产物总量最大，防高温防强风，还有益于生物多样性的增加。不过话又说回来，要想建设这种混农林系统，必须对不同种类植物的特性有一个较为全面的了解。这是为了能对光线分配做出合理的规划。

农业公园

这里说的农业公园，是指模拟野生森林而进行树木分层的公园。这种农业类型可能是最有前景的，而且不消说肯定是最为美丽的。以树木为中心，有 4 个共存的作物层：由苹果、梨等果树形成的林冠层，由醋栗、榛树、覆盆子等形成的灌木层，由草莓、土豆、辣根菜等组成的草本植物层和贴地植物层，以及由葡萄、黑莓等形成的攀缘植物层。

混农林业的巨大优势在于，它实现了多功能的农业生产。与单一、集中而具有破坏性的农田种植不同，混农林业试图保持生物多样性、遏制气候变暖、改善空气质量和水质量，以及提供丰富、洁净而美味的食物。无论如何，在人们的期望中，未来的农业类型应是农业公园。而这种农业的从业者则是一种新型农民，法语中称 sylvanier，意为“森林种植员”，最早由诺曼底贝克-埃卢安农场创始人佩里娜·埃尔维-格吕耶和夏尔·埃尔维-格吕耶提出。

森林与树木的法律地位

法律是提高某种事物或某种概念的社会地位的有力武器。如今，大多数国家都只把树木视作家具材料。在这样的情况下，了解树木的法律地位能够让我们认识到，人类与树木之间存在着难以切割而又尚待完善的密切联系。

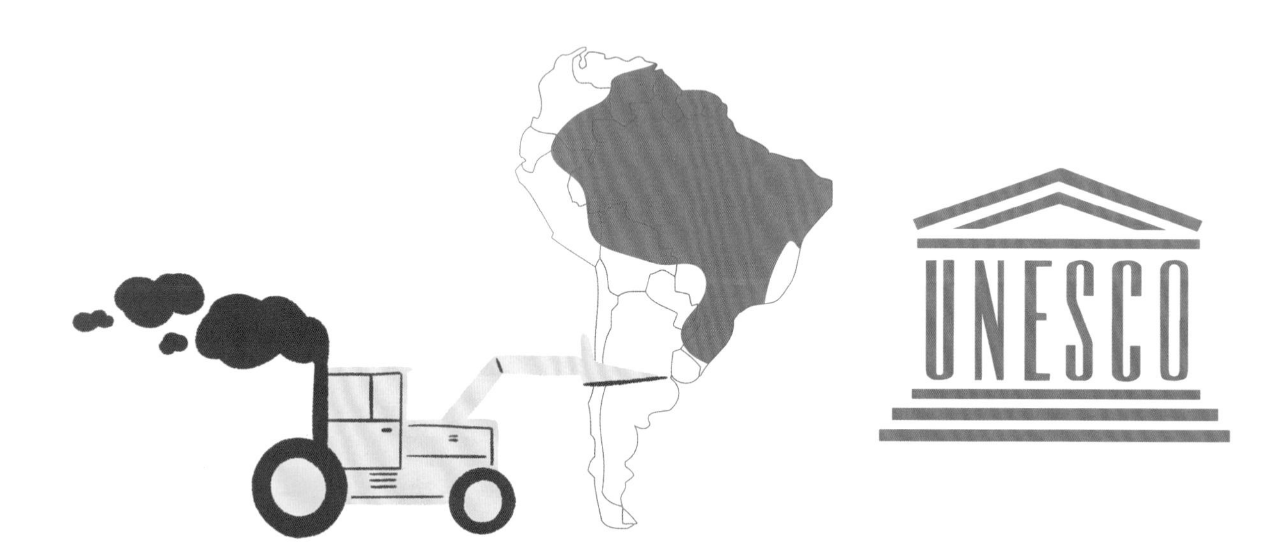

有哪些针对树木和森林的法律保护呢?

树木的法律保护取决于两个决定性因素：

1. 树木的所有者

集体所有的树木或森林能够得到更好的保护。而国家所有和个人私有的则相反。譬如说，在巴西，集体所有的、受到合法保护的森林砍伐率为0.6%，而其他森林的砍伐率则达到了7%。

与此形成对比的是，加纳和科特迪瓦的森林均是国有森林。如果你是一个农业从业者的话，特许经营开采商或随便什么公司只需拿到政府许可证就可以前来将你土地上的大树连根拔起。因此，对于很多农业从业者来说，最常见的做法是赶在作物遭到野蛮入侵者的连带毁坏之前就把土地上的树木砍掉。

2. 是否受到特殊保护

大多数国家都会在国家层面上制定特殊的保护政策。譬如说，在一些西非国家，“圣林”是受到特殊保护的。土著居民集体所有的森林砍伐率虽低，区域却往往非常有限：大部分亚马孙雨林就是这种情况。

除却国家保护，欧洲还有一个特殊的、受欧盟法律保护的自然保护区系统——Natura 2000。而在全球尺度上，联合国教科文组织亦有相应保护条文。

按道理来说，对受到特殊保护的树木或森林不能有任何开发开采行为。但不幸的是，仅靠法律条文并不足以有成效，因为会出现各种不同的解读。也就是由于这个原因，作为欧洲仅存的原始林之一，波兰的比亚沃维耶扎森林本被列入了欧洲 Natura 2000 保护计划，却差点就被夷为平地。政府相关部门立刻为其开采行为做出辩解，称此行是因为森林遭到了棘胫小蠹（这是一种鞘翅目小昆虫，会在树皮下挖洞形成虫道）的虫害。

幸亏欧盟法院并未偏信其词，而是认定波兰政府对比亚沃维耶扎森林的开采违反了欧盟法律，并于2018年勒令其停止对森林的任何破坏行为，为后来的法律判决给出了先例。

稀有木材保护

濒危野生动植物物种国际贸易公约（CITES）禁止动植物物种的非法贸易（譬如犀牛角或珍稀木材）。若是走私犯贩卖受该公约保护的木材，就会被拘捕并移交司法机关。这是一种严重的罪行，会受到国际法庭的刑事处罚。

濒危野生动植物物种国际贸易公约保护了数百种木材，其中包括智利南洋杉、卢氏黑黄檀和东北红豆杉。

认证机构

存在各种与树木相关的认证机构，比如林木方面的国际林业公会（Forest Stewardship Council, FSC）、棕榈油方面的棕榈油可持续发展圆桌会议（Roundtable on Sustainable Palm Oil, RSPO）以及可可咖啡方面的雨林联盟（Rainforest Alliance）。这些机构要求通过产品“可持续”认证的公司在自己开发的林区采取环境保护措施。

然而，不少调查表明，很多经过认证的商品其实来源于本该受到特殊保护的林区。确实，认证结果是否与实际相符全凭公司自觉，认证过程并无法律效力，因此其影响力被大大削弱。

有两个国际项目正在划定高保育价值森林（Haute valeur de conservation, HCV）和高碳储量森林（Stock élevé de carbone, HCS）的范围，以便在公司、政府和社会之间能达成共识，一同保护经认证机构认证的林区。

在法国

历史建筑周围辐射直径 500 米内的树木均受到特殊保护。若无建筑与文物保护局的许可禁止砍伐。

此外，保护树木还有一种行之有效的方法，那就是将它作为列级自然保护区（Espace boisé classé, EBC）载入地方城市规划方案（Plan local d'urbanisme, PLU）。在这种情况下，除非该树木对社会造成危害，则不经许可禁止砍伐。

若是树木种植得过于靠近两块相邻私有土地的边界，便会产生大量的矛盾冲突。法庭判例汇编中满是这种情况。对于私有土地来说，一棵超过 2 米高的、离土地边界小于 2 米的树木可在相邻土地所有者的要求下被合法砍伐。幸运的是，有很多可以让树木免遭此难的特殊情况。“30 年限期制度”保护的就是高度超过 2 米、树龄超过 30 年的树木。

世界树木与森林权利宣言

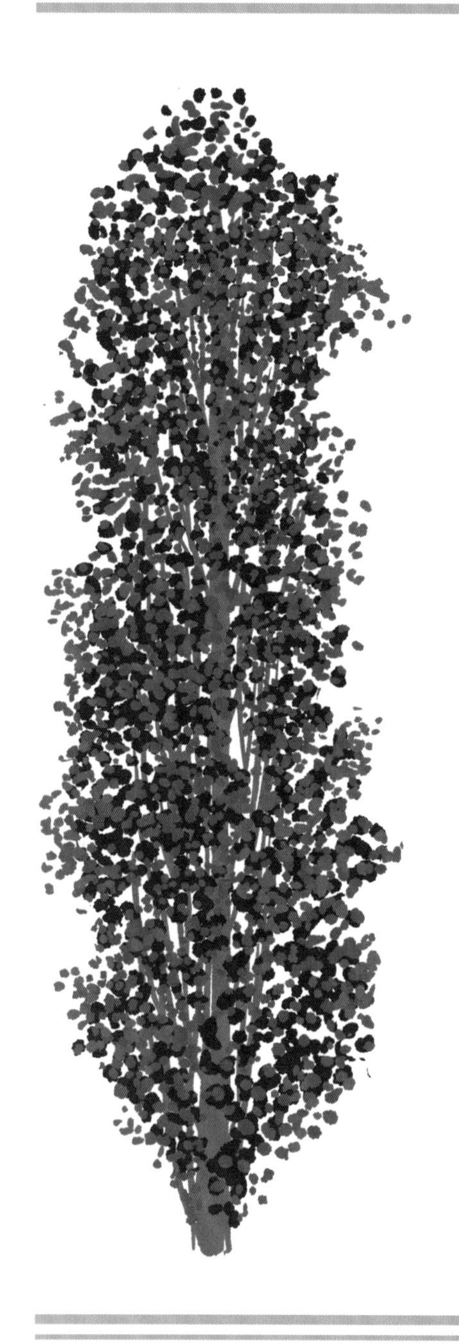

在当今的世界，森林仍被视作利润的潜在来源，很多国家拒绝对其“私人领地”加以任何的法律限制。然而，尽管带有一些乌托邦式的幻想色彩，我们十分需要推行一项能取得切实成果的国际保护计划，通过保护树木来间接达成我们的最终目的：即遏制气候变暖、维持生物多样性、实现农作物的安全生产……

我们试图既从特定角度、又从普遍层面为树木和森林建立法律地位，而这会使人们改变对这些在地球上占据核心地位的有机体的认识与看法。该宣言旨在传达一种观念：树木应该被视作生物，森林应该被视作由植物组成的有机社会，而不仅仅是供人类买卖的商品。

第一条

树木既是一个独立的个体，也是森林群体中的一部分。树木有权利享有其所在森林安宁而完整的环境。

第二条

树木是其生长发育的唯一决定者。根系、树干及树叶可以按其心意任意生长。

第三条

森林有权利让每一种树木都按照自然规律生长，既不遭到过度利用，也不受到人为砍伐的破坏。树木有其尊严，不允许发生雕刻、挖凿等破坏行为。如果可能的话，人类理应不打扰或尽可能少地打扰树木的正常生命活动。

第四条

森林有权利延续其长期的发育进程，直至再度形成原始林。在这片土地上，生物多样性大大增长，每种生命都蓬勃发展。

第五条

树木有权利享有受保护的、高生物多样性的环境，而非受破坏的、低生物多样性的环境。

- 树木有权利在其适应的任意土壤中生长，无论贫瘠或肥沃，无论荒地或沃土。土壤理应不受人类污染的侵袭，并能使树木在一个有生命力的环境中充分成长。
- 树木有权利与动物和谐共处，并使动物能够自由地从树木的优势或弱点中获利。

第六条

由森林本身选择让何种树木成为森林中的优势树种。林木间的相对重要性应由该森林自由决定。

第七条

树木有权利独自决定在什么时节生叶结果，而不受人为施加的有毒物质或反季节采摘砍伐的影响。

第八条

森林中的每一棵树都是一个独立个体，并且应当作为独立个体而受到人类尊重。这种独立权利不受时效约束。

第九条

树木有权利自然折断：或是由于年岁渐长而被自身重量压折，或是由于不能抵抗风暴的侵袭而折断。如果可能的话，为了所有人的安全考虑，大型建筑工程应当在远离树木的地方开展，以留给树木一定的伸展空间。

第十条

树木吸收二氧化碳释放氧气，因此，它对地球上所有动物正常生命的维持起着至关重要的作用。树木有权利获得尊重。在树木面前，所有可能危害其生长发育的经济活动都必须让步。

注：这份世界性的宣言体现了更具有普遍性意义的思考：树木在我们当今的社会中究竟占据了怎样的地位。很多联合协会以及非政府组织都曾提出过相近的建议。现在，轮到各位读者来理解树木新的法律地位，并改变我们对周围树木的态度与认知。

如何种下一棵树

植树是件大事，而不是一个无足轻重的举动。说不定这棵树能活好几百年，说不定这棵树会受到后代的喜爱。无论如何人们总能知道，在一个家庭之中，谁，种下了哪棵树。这还不足以成为我们兢兢业业的理由吗？

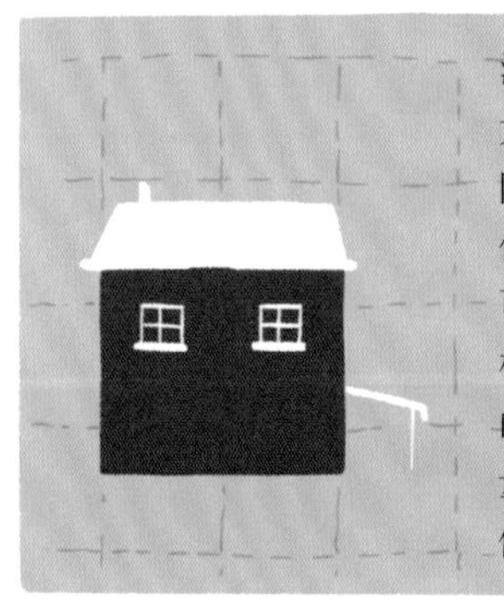

注意！在靠近住宅的地方种植大型树木会对人造成潜在的危险，一旦有暴风雨、强降雪的侵袭，树木就会有折断倒落的可能。还需要注意的是，树木根系会延伸至与树冠面积相当的土壤范围，而树根生长的力量可能会大到使地表隆起，或使建筑物的地基遭到破坏。

① 选一个好位置

开工之前，花时间好好想想打算把树木种在什么地方。要考虑到树木成年后的大小，同时针对可用场地的面积来挑选适宜的树种。通过想象就能知道，树冠将提供一片多么重要的荫蔽啊！

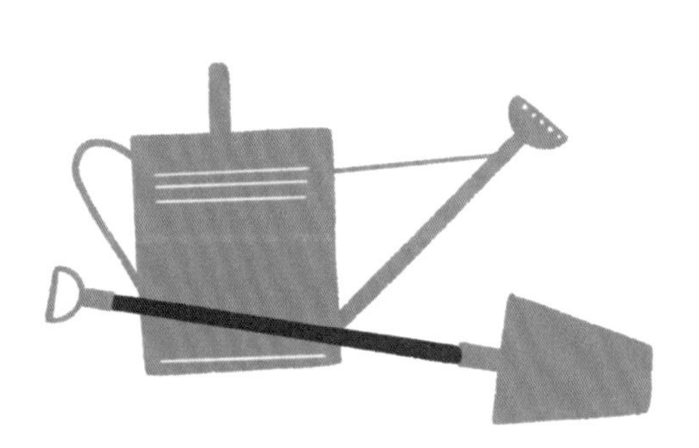

② 工具准备

- 一棵树

  在育苗员那儿可以了解到你希望购买的树木的各种习性（大小、生长速度、对水和阳光的需求等）。请记得购买带有裸根的树木。
- 一把铲子，一个水壶，还有一棵植树的拳拳之心。

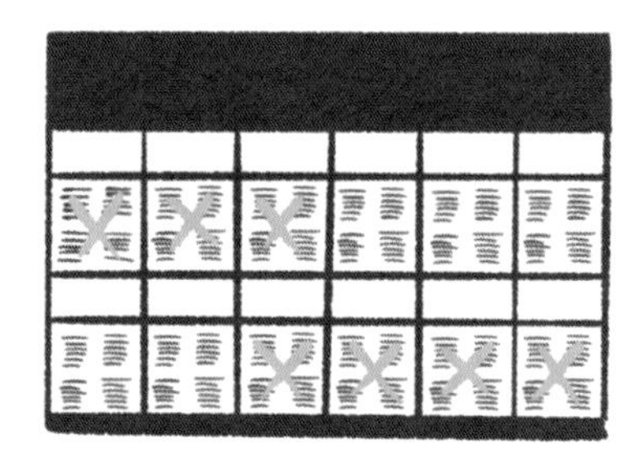

③ 选一个好时机

从 9 月到次年 3 月底都是种下一棵新生命的好时机。这段时间被称为植物休眠期。有一句法国谚语说道："在圣凯瑟琳日种下的树木不愁生根。"[35]

如果要种植的是球果植物，则应避免过于阴冷的土壤环境。稍早一点在秋天，或干脆推迟到第二年开春种植都是不错的选择。

④ 挖坑及铺设排水层

应当挖一个又大又深的坑，体积至少为根系外包裹的土块的两倍。用铲子松一松坑底的土壤，以便让根系能够轻松地伸展开来。在坑底铺设一层疏水材料，比如小石子、沙砾、黏土球等。排水层能防止因浇水时坑里充满积水而淹死根系的悲剧产生。

⑤ 放入树苗

将树木放入坑底，注意树干的基部应当略微高于地面。

小窍门：用一块木板或一把扫帚柄横搭在土坑上，从而能够直观地把握地面高度。

填回刚刚挖出并放在一旁的土壤。可以预先用铲子拍散，加入少量的腐殖质和混合肥料，或者有可能的话，还可以加入动物角、骨研磨成的有机肥料。这是为了在根系土坨周围创造一个有利于根系活动的环境。

注意！若树木上留有嫁接点，不要将其埋于土层下。

边填土，边应留心保持树木直立的方向。在树脚边把土轻微堆高压实，以围成一个便于浇水的盆形地带。

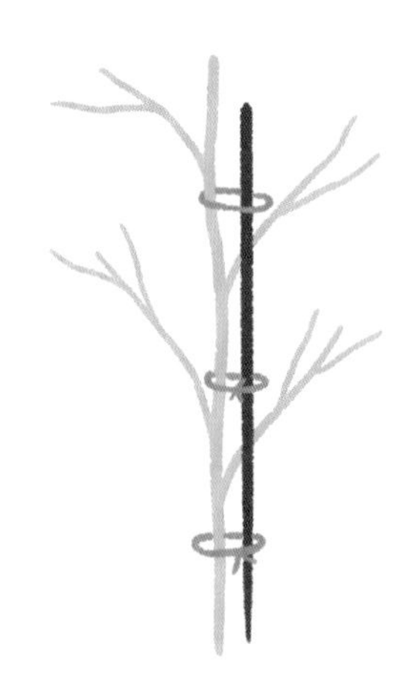

⑥ 制作苗木支架

提前制作好苗木支架，并把它稳稳地深插于坑底。如果可以的话，应当在放树苗之前就插好支架。但这不一定能成功，因为根系的伸展范围和支架的位置并不总能相容。用绳子将支架和树干固定在一起。当心不要让绳子擦伤树皮。

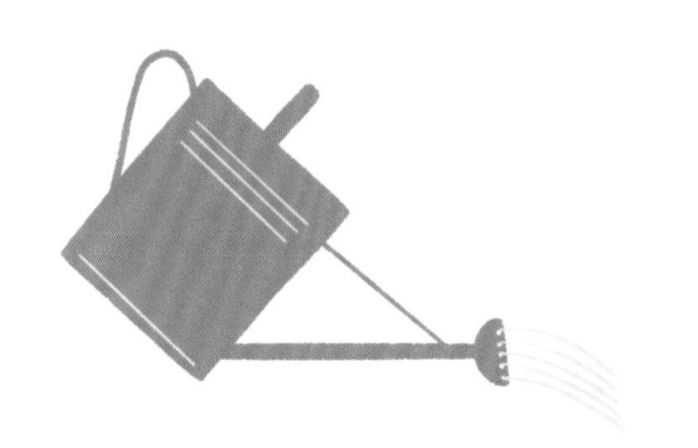

⑦ 浇水

浇水的过程至关重要，它尤其决定了树木在生长初期能否健康地生长发育。第一次需要浇大量的水，哪怕下雨也一样。

⑧ 铺设有机覆盖层及施加其他保护措施

在树木基部铺设厚厚的干性有机覆盖层，如木刨花、碎木块、麦秸秆或细草等。这可以抑制杂草的生长，并使土壤保持凉爽湿润。

若是你在靠近森林的地方居住，或是将树木种在了田野里，那最好用铁丝网围住幼树，来保护它免遭野生动物的侵袭。因为野生动物对幼苗十分钟爱，要防止它们来啃掉树皮。

专业术语表

A

瘦果 akène

干果的一种，不会自动开裂，其内部仅有一颗种子，且种子与果皮相离。

胚乳 albumen

种子中储存营养物质的部分，是被子植物胚的营养来源。

被子植物 angiospermes

这一类植物的种子外有果皮包被；至少存在 26 万种被子植物。

假种皮 arille

某些种子会带有的肉质包被。譬如荔枝的白色果肉或红豆杉的“浆果”。

边材 aubier

树木浆液所流经的几层木材的统称。位于树皮和心材之间。

B

浆果 baie

全肉质果实，果核是其种子。

心材 bois parfait

也被称作“完美木材”，是树干最中心的部分，也是木材中已死亡的部分。常被用于高级木器制造业。此处会积累单宁、树脂和着色物质。

芽 bourgeon

生于枝条上，是叶或花的胚胎形式。

短枝 brachyblaste

非常短的枝条，其上直接着生针叶。

苞片 bractée

花朵或果实基部的变态叶。

C

落叶性 caduque

指叶片每年掉落的特性。

花萼 calice

花朵最外面的一层，一般由绿色的萼片组成。

形成层 cambium

该结构能产生新的细胞以保证树木的持续生长，位于树干中。

头状花序 capitule

由无柄花朵所组成的花序。

红果 cenelle

指山楂或冬青的红色浆果。

年轮 cernes

每年因冬夏生长速度不一而产生的层状结构。通过年轮，人们可以近似计算树木的年龄。

柔荑花序 chaton

该花序呈穗状。譬如夏栎的花序。其中，有些植物的“花”其实本身就是一个花序，我们将这种植物称为柔荑花序类植物。

叶痕 cicatrice foliaire

叶掉落后在枝条上留下的裸露区域。一般来说多年生落叶植物会有叶痕。

树冠 cime ou houppier

树木顶端的部分。

球果 cône

球果植物的“花序”。

球果植物 conifère

拥有针叶或鳞状叶的裸子植物，并且雌花序为球果。

伞房花序 corymbe

由一串花朵组成的大型花序。

栽培品种 cultivar

由人工种植而获得的变种，并不存在于自然界中。

壳斗 cupule

小小的杯状变态叶。橡实、栗子和山毛榉果实外都围有壳斗。

D

根蘖 drageon

指由根部发出新芽，从而繁殖为新的植物体。

核果 drupe

肉质果实，有核；譬如樱桃、杏或李。

E

鳞盾 écusson

对于球果植物来说，鳞盾是其球果鳞片的顶端部分。

雄蕊 étamine

有花植物中的一系列雄性生殖结构。

F

山毛榉果 faine

山毛榉（或称水青冈）的果实。

帚状 fastigié

用以描述树木外形，刷形。

小叶 foliole

指组成复叶的每个小小的叶片。

G

团伞花序 glomérule

该花序近小球形，譬如覆盆子或桑葚的花序。一些松果的形态也近似于此。

种子 graine

这是一个完全独立的器官，其中储存有营养物质。种子由受精卵发育而成。它是有花植物（即裸子植物与被子植物）最具特征性的器官。

裸子植物 gymnospermes
这类植物不形成果实，种子裸露；我们常说的产树脂植物即指裸子植物，譬如红豆杉和银杏。

H

种脐 hile
由珠柄顶端连接到种子上的痕迹；譬如猴板栗[36]上的白点。

L

皮孔 lenticelle
横向穿过树皮的条纹。

叶片 limbe
树叶上的叶面部分。

M

射线 maille
木材上的斑点[37]。

雌雄同株 monoïque
同时有雌花和雄花的树木。

单轴分枝 monopode
指主要生长活动由单一顶芽承担的植物。这种植物一般呈金字塔形。

短尖 mucron
一些植物器官所具有的短而急的尖端，譬如油橄榄的叶片。

N

小坚果 nucule
果皮坚硬而干燥，仿若贝壳；譬如榛子。

P

花柄 pédicelle、pédoncule
支撑花朵的部分。

叶柄 pétiole
连接叶片基部与枝干的部分。部分树叶具有该结构。

雌蕊 pistil
花朵中的雌性器官。

呼吸根 pneumatophore
竖直生长、凸起至水面或地表的根系，有助于树根的气体交换。譬如落羽杉的呼吸根。

蜡质霜 pruine
某些植物所具有的细腻的蜡质表皮。

被短茸毛的 pubescent
形容表面覆盖了一层纤细而短小的茸毛。

R

落皮层 rhytidome
树皮外侧龟裂的部分，覆盖茎或老根的表面。

S

翅果及双翅果 samare et disamare
干果的一种。带有一片膜状翅（双翅果则有两片膜状翅）。譬如梣树或榆树的果实。

常绿 sempervirent
形容叶片永远保持绿色。譬如油橄榄或月桂树的叶片。

萼片 sépale
变态叶，通常为绿色，组成花萼。

无柄 sessile
在植物学中，指叶或花直接与枝干相连，无叶柄或花柄等支撑部分。

肉穗花序 spadice
这种花序的花朵沿肉穗轴生长，外部围有一片佛焰苞。

佛焰苞 spathe
大型变态叶，形似口袋或冰激凌蛋筒，包裹其内的肉穗花序。

柱头 stigmate
雌蕊的尖端部分。通常为羽状，譬如胡桃树或榛树的柱头。

托叶 stipule
指叶柄基部生出的两片小叶。

气孔 stomates
叶片表面极其微小的开口。保证了树木与外界的气体交换。

球穗花序 strobile
这种花序由很多密集生长的花朵组成，穗状或球果状。

合轴分枝 sympode
拥有这种分枝的树木，其树冠一般呈球形。

T

被茸毛的 tomenteux
覆盖有一层纤细的茸毛。

Z

动物传播 zoochorie
指由动物传播植物的种子、孢子等繁殖后代。最重要的传播动物是昆虫和啮齿动物。

树木拉丁学名索引

树木通俗名称索引

注 释

1 亦称山毛榉目。

2 红豆杉亦称紫杉，下文统称红豆杉。

3 亦称金酒。

4 主要生产于斯堪的纳维亚半岛。

5 现已从李属分至桃属。

6 现已从李属分至杏属。

7 现已从李属分至樱属。

8 法国特产。

9 即盖乌斯·普林尼·塞孔都斯（Gaius Plinius Secundus），古罗马作家、博物学者，著有《自然史》。

10 现已从李属分至樱属。

11 在汉语里，“橡树”“栎树”乃至“柞树”均是对壳斗科栎属植物的通称。本书中特定物种的名称采用“栎”或“柞”，而统称这类树木时则按照习惯称为“橡树”。

12 根据基督教传统，圣枝主日是为了纪念基督耶稣进入耶路撒冷而设定的节日，这一天是圣周的开始。

13 在德语中，Katzenpfötchen 也可以指另一种植物：蝶须（Antennaria dioica）。

14 该属中的一些种俗称为“枫树”。不过，“枫”在中国原指“枫香树”。下文中描述的槭属植物正确说法应为“槭”，但由于约定俗成的原因，描述一些种的特定名称时仍称“枫”。

15 苏比斯府邸是位于巴黎的一栋豪宅，以其洛可可风格的客厅而闻名。历史悠久，可追溯到 14 世纪。

16 鹅耳枥的法语为 charme，这个单词也有“魅力、迷人”的含义；此处是一个小小的文字游戏。

17 学名为 Phytophtora cambivora。

18 位于意大利西西里岛东岸。

19 法语中称为“bois de Hô”，这个别称来源于日语汉字“芳”（ほう）。

20 这一类植物也被称为山毛榉。

注释

21 在中国被误称为“法国梧桐”，但两者是完全不同的物种，悬铃木是悬铃木科悬铃木属植物，原产于欧洲等地，而梧桐是梧桐科梧桐属植物，原产于中国和日本。

22 贺拉斯（Horace），古罗马诗人，代表作有《诗艺》。

23 西多妮-加布里埃尔·科莱特（Sidonie-Gabrielle Colette，1873—1954），法国女作家，性格自由而开放，文笔优美而犀利，代表作有《克罗蒂娜》系列、《吉吉》。

24 现已从李属分至桃属。

25 栎属植物的果实通称橡实。

26 在严格的植物分类中，所有植物均只有一个拉丁学名，其他的名称均为异名。

27 意大利大区，首府为佛罗伦萨。

28 俗称核桃。

29 古希腊时期医学家，被西方奉为“医学之父”。

30 译文摘自《缪塞诗选》，人民文学出版社，陈徵莱、冯钟璞译。

31 落羽杉在法语中被俗称为 cyprès chauve，意即“秃柏”。

32 朗德与前文中的加斯科涅湾均位于法国西南。

33 位于北美洲东部。

34 雅各，《圣经·旧约》中人物，以色列人的祖先。他梦见一把梯子，天使通过这把梯子上下穿行。

35 圣凯瑟琳日：11 月 25 日，圣凯瑟琳是基督教中的一位女圣人及殉道者。

36 即欧洲七叶树果实。

37 更确切地说，这样的斑点是射线在径向切面中的形态。